三坐标测量机检测技术与应用研究

涂永彬　著

河北大学出版社
·保定·

三坐标测量机检测技术与应用研究

出 版 人：马　力
责任编辑：鹿巧利
装帧设计：杨艳霞
责任校对：王亚薇
责任印制：常　凯

图书在版编目（CIP）数据

三坐标测量机检测技术与应用研究 / 涂永彬著．保定 ：河北大学出版社，2025．4．-- ISBN 978-7-5666-2358-4

Ⅰ．TH721

中国国家版本馆 CIP 数据核字第 2025FN6206 号

出版发行：河北大学出版社
地址：河北省保定市七一东路 2666 号　邮编：071000
电话：0312-5073019　0312-5073029
邮箱：hbdxcbs@163.com　网址：www.hbdxcbs.com
印　　刷：河北晔盛亚印刷有限公司
幅面尺寸：170 mm × 240 mm
印　　张：12.75
字　　数：202 千字
版　　次：2025 年 4 月第 1 版
印　　次：2025 年 4 月第 1 次印刷
书　　号：ISBN 978-7-5666-2358-4
定　　价：79.80 元

QIAN YAN 前言

随着制造业进入信息化、自动化和智能化的新时代，质量控制和精密检测的重要性愈加突出，三坐标测量机（CMM）作为一种广泛应用于工业领域的高精度测量设备，已经成为衡量和保证产品质量的核心工具。三坐标测量机不仅在精密机械加工、汽车制造、航空航天等行业中发挥着不可或缺的作用，而且其在推动制造业高效、精确和智能化方面的贡献也日益显现。本文以三坐标测量机为核心，通过对其工作原理、技术发展及应用案例的深入分析，探讨其在现代制造行业中的重要性以及面临的技术挑战和未来的发展趋势。三坐标测量机，作为工业质量控制的核心装备之一，其技术不断发展，精度不断提升，已经成为各类制造企业中不可或缺的检测工具。随着制造业对高质量、高效益生产的追求，三坐标测量机不仅在精密机械加工中得到了广泛应用，而且在汽车、航空航天、电子光学等高技术行业中的应用日益增多。然而，随着技术的不断演进，如何进一步提升三坐标测量机的精度与效率，如何在智能制造背景下实现其自动化、智能化应用，成为行业内亟待解决的重要课题。

《三坐标测量机检测技术与应用研究》涵盖了三坐标测量机的工作原理、技术基础、测量方法、软件系统及应用功能等内容，从技术角度出发，对测量精度提升的技术路径进行了深入探讨。第一章为导论部分，阐述了研究背景和意义，明确了本书的研究目的与内容，并提出了研究方法与框架，帮助读者快速了解本书的研究重点及章节安排。第二章至第四章分别介绍了三坐标测量机的原理、技术基础及测量方法，详细分析了三坐标测量机的构成与性能指标，探讨了常见的测量方法和技术，解析了其软件系统及数据处理方法，展现了三坐标测量机在实际应用中的强大功能。第五章通过多个行业案例，全面展示了三坐标测量机在精密机械加工、汽车制造、航空航天及电子光学等领域的成功应用，进一步阐明了其在各行各业中的重要性。第六章讨论了提升测量精度的技术路径，深入剖析了提升精度过程中所面临的挑战及解决方案，探讨了新技术如何推动三坐标测量机精度的提升。第七章则聚焦自动化与智能化发展，展望了三坐标测量机在未来制造业中的智能化趋势，探讨了自动化与智能化应用的行业前景，并展示了该技术在工业 4.0 背景下的广泛应用潜力。

本书首先为三坐标测量机的研究者与应用工程师提供了一本系统而全面的技术指南，涵盖了从基础理论到前沿技术的各个方面，帮助技术人员在实际工作中解决技术难题，提升产品质量控制的水平。其次，本书还为相关学科的学者和学生提供了深入的学术分析与研究视角，尤其是在高精度检测与智能制造领域，具有重要的学术价值和参考意义。更为重要的是，本书通过总结和分析行业中的先进案例，展示了三坐标测量机在不同工业应用中的成功经验和发展潜力，为全球制造业的技术创新与转型升级提供了宝贵的理论支持与实践指导。

著者

2025 年 1 月

MU LU 目录

第一章　导论

第一节　研究背景与意义

一、研究背景

在当今全球化的制造业格局中，产品质量与生产效率已然成为企业核心竞争力的关键要素。随着制造业向着信息化、自动化和智能化的深度迈进，对于产品质量控制和精密检测的要求达到了前所未有的高度。在这样的大背景下，三坐标测量机（CMM）作为工业领域高精度测量的核心设备，其重要性日益凸显。

从制造业的整体发展趋势来看，信息技术与制造技术的深度融合，促使生产模式发生了根本性变革。智能制造理念的兴起，要求生产过程具备更高的精度、灵活性和自适应性。在精密机械加工领域，零部件的尺寸精度和形状误差控制愈发严格，如航空发动机叶片、精密模具等关键零部件，其加工精度要求达到微米甚至亚微米级别。汽车制造行业也在向电动化、智能化方向转型，对零部件的装配精度和质量稳定性提出了新的挑战，如汽车发动机缸体、变速器齿轮等部件的制造，需要精确测量以确保产品性能和安全性。航空航天领域更是对产品质量和可靠性有着严苛标准，在飞行器结构件、航空电子设备等的制造过程中，任何微小的尺寸偏差都可能引发严重后果。

与此同时，电子光学产业的迅猛发展，对微小尺寸和复杂形状的测量需求激增。例如，芯片制造过程中的光刻环节，对硅片表面图形尺寸的测量精度要求极高；光学镜头制造中，对镜片曲率、表面粗糙度等参数的精确测量，直接影响着光学系统的成像质量。在这样的产业需求推动下，三坐标测量机凭借其高精度、高灵活性和广泛的测量功能，成为保证产品质量、推动制造业升级的关键工具。然而，随着制造业的不断进步，三坐标测量机面临着诸多新的挑战。一方面，市场对产品质量和生产效率的双重追求，要求三坐标测量机不断提升测量精度和测量速度；另一方面，智能制造环境下的自动化、智能化生产模式，需要三坐标测量机能够无缝融入整个生产流程，实现与其他设备的协同作业和数据共享。

二、研究意义

本研究在理论和实践层面均具有重要意义。在理论层面，通过对三坐标测量机的工作原理、技术发展及应用的深入剖析，有助于完善和丰富测量技术领域的理论体系。三坐标测量机涉及机械工程、光学、电子学、计算机科学等多学科交叉知识，对其进行系统研究，可以促进不同学科之间的理论融合与创新。例如，在研究测量精度提升技术时，需要综合运用机械结构优化理论、传感器技术原理、数据处理算法等多方面知识，通过深入分析各因素对测量精度的影响机制，为测量精度提升提供坚实的理论基础。

在实践层面，本研究成果将为制造业企业提供直接的技术支持和应用指导。对于精密机械加工企业而言，深入了解三坐标测量机的测量方法和精度提升技术，可以有效提高产品加工质量，降低废品率，提升企业的市场竞争力。在汽车制造和航空航天等高端制造业中，三坐标测量机的精确应用能够确保零部件的质量符合严格标准，保障产品的安全性和可靠性。对于电子光学企业，掌握三坐标测量机在微小尺寸和复杂形状测量方面的技术，有助于提高生产效率和产品性能。此外，本研究通过对行业应用案例的分析和总结，为企业在实际应用中提供了可借鉴的经验和解决方案，帮助企业更好地选择和使用三坐标测量机，优化测量流程，实现测量设备与生产流程的高效集成。

第二节 研究目的与方法

一、研究目的

本研究旨在深入分析和提升三坐标测量机在精密制造中的应用价值与技术创新。研究的具体目标是：

第一，探索测量精度的提升路径。解决现有技术在精度控制方面的不足，提出提升测量精度的新技术路径。

第二，推动技术进步与应用创新。结合现代制造需求，研究如何利用新型传感器、智能算法等技术推动三坐标测量机在自动化与智能化中的应用。

第三，为工业实践提供技术支持。通过详细分析三坐标测量机在不同行业中的应用，为技术人员和工程师提供理论指导，优化实践操作。

二、研究方法

为确保本研究的科学性、系统性和实用性，综合运用了多种研究方法。

（一）文献研究法

广泛查阅国内外相关领域的学术文献、行业报告、技术标准等资料，深入了解三坐标测量机检测技术与应用的研究现状和发展趋势，为后续研究提供坚实的理论基础和技术参考。通过对大量文献的梳理和分析，总结前人在三坐标测量机原理、测量方法、精度提升、自动化与智能化发展等方面的研究成果和不足之处，明确本研究的重点和方向。

（二）理论分析法

运用机械工程、光学、电子学、计算机科学等多学科理论知识，对三坐标测量机的工作原理、技术基础、测量方法、软件系统等进行深入的理论分析。通过建立数学模型、物理模型等方式，对测量过程中的各种现象和问题进行量化分析，揭示其内在规律和影响因素，为解决实际问题提供理论依据。

（三）实验研究法

搭建实验平台，开展相关实验研究。针对三坐标测量机的测量精度提升、自动化与智能化应用等关键问题，设计实验方案，通过实验数据的采集、分析和处理，验证理论分析的正确性和技术方案的可行性。例如，在研究新型传感器对测量精度的影响时，通过实验对比不同传感器在相同测量条件下的测量结果，分析新型传感器的性能优势和应用效果。

（四）案例分析法

收集和整理三坐标测量机在精密机械加工、汽车制造、航空航天、电子光学等多个行业的实际应用案例，深入分析案例中的测量需求、测量方案、应用效果等内容。通过案例分析，总结三坐标测量机在不同行业的应用特点和成功经验，为其他企业提供实践参考和借鉴。同时，通过对案例中存在的问题进行分析，提出针对性的改进措施和解决方案，进一步完善三坐标测量机的应用技术。

第三节　主要研究内容

本研究涉及三坐标测量机的多个方面，按照从理论到实践、从基础技术到应用拓展的逻辑顺序展开，主要内容可总结为以下几点。

（一）三坐标测量机的原理及构成

深入研究三坐标测量机的基本工作原理，从机械运动、传感器测量、数据采集与传输等多个环节进行详细阐述，分析测量过程中的关键技术要点，为理解三坐标测量机的工作过程提供全面视角。

对三坐标测量机的基本构成进行系统分析，包括机械结构（如导轨、工作台、横梁等）、测量系统（如传感器、探头等）、控制系统以及软件系统等部分，详细介绍各组成部分的功能和相互关系。同时，对测量机的各类传感器与探头进行分类研究，分析其工作原理、性能特点及适用范围，为用户在实际应用中选择合适的传感器和探头提供依据。

探讨三坐标测量机的不同类型及适用范围，如桥式、龙门式、悬臂式等，分析各种类型三坐标测量机在结构特点、精度性能、工作空间等方面的差异，帮助读者根据实际测量需求选择合适的测量机类型。

对三坐标测量机的性能指标与精度分析进行深入研究，明确测量机性能的核心指标，如测量范围、分辨率、重复性、精度等，并详细介绍测量精度的定义、评定方法以及影响精度的各种因素，为后续精度提升研究提供基础。

（二）测量方法与数据处理

全面分析三坐标测量机的基本测量方法，包括触摸式测量方法、光学测量方法以及激光与扫描测量技术。详细阐述每种测量方法的工作原理、操作流程、优缺点及适用场景，为实际测量工作提供方法选择的指导。

深入探讨三坐标测量机的高级测量方法，如复合测量技术的应用、自适应与自动化测量方法。分析这些高级测量方法在提高测量效率、扩大测量范围、提升测量精度等方面的优势，并结合实际案例介绍其具体应用。

对测量数据处理与分析进行系统研究，包括数据采集与预处理技术、数据分析方法与精度优化以及测量结果的后处理与误差分析。详细介绍数据采集的技术要求、采集方法以及预处理步骤，以确保采集到的数据准确可靠。同时，深入探讨常用的数据分析方法，如最小二乘法、滤波算法等，以及如何通过数据分析优化测量精度。最后，对测量结果的后处理和误差分析方法进行研究，为评估测量结果的准确性提供方法支持。

（三）工业应用中的实践与案例分析

以精密机械加工行业为切入点，深入分析该行业中的测量需求，如零部件尺寸精度测量、形状误差检测、位置精度控制等。通过实际应用案例，详细介绍三坐标测量机在精密机械加工中的具体应用方式和作用，包括测量工艺规划、测量程序编制以及测量结果对加工质量的反馈与控制，揭示测量精度对加工质量的重要影响。

针对汽车制造与航空航天领域，分析这两个行业中的检测需求与特点，如汽车零部件的装配精度检测、航空航天零部件的复杂形状测量等。通过具体的应用实例，展示三坐标测量机在汽车制造和航空航天中的应用场景和技术要点，同时探讨这两个行业对测量精度的严格要求以及在实际应用中面临的挑战和解决方案。

研究电子与光学产品的检测需求，电子产品对微小尺寸测量精度和表面质量的高要求，以及光学产品对曲率、面形精度等参数的精确测量需求。通过实际案例，介绍三坐标测量机在电子与光学行业中的测量技术和应用方法，展示其在保障电子产品和光学产品质量方面的重要作用。

（四）测量精度提升的技术路径与挑战

深入研究提高三坐标测量机测量精度的技术路径，包括精度提升的基础技术方法，如机械结构优化、温度补偿技术等。同时，关注精密探头与传感器的创新应用，分析新型探头和传感器在提高测量精度方面的原理和优势。此外，对数据处理与分析技术的精度提升进行研究，探讨先进的数据处理算法和模型如何优化测量结果，提高测量精度。

剖析精度提升过程中面临的挑战，包括测量过程中常见的精度误差来源，如机械振动、热变形、传感器噪声等，以及环境因素（如温度、湿度、气压等）和机械因素对精度的影响机制。针对这些挑战，提出相应的解决方案和技术突破方向，为实际应用中解决精度问题提供技术支持。

探讨新技术对精度提升的推动作用，如新型传感器与探头的开发，研究其工作原理、性能特点以及在实际应用中的效果。同时，关注高级数据处理与算法的应用，如人工智能算法、机器学习模型等在测量数据处理中的应用，分析其如何提高测量精度和数据处理效率。此外，研究智能化技术在测量过程中的应用，如智能测量系统的自校准、自适应测量等功能，探讨其对测量精度提升的贡献。

（五）自动化与智能化发展的前景与应用

研究自动化测量系统的构建与发展，分析自动化测量系统的基础架构，包括硬件设备（如机器人、自动上下料装置等）和软件系统（如自动化测量控制软件、数据管理软件等）的组成和功能。同时，探讨自动化与智能化测量的技术要求，如传感器与执行机构的协同控制、自动化测量流程的规划与优化等。通过实际案例，展示自动化系统在精密检测中的应用优势和效果，为企业实现自动化测量提供技术参考。

深入研究智能化三坐标测量技术，分析智能化技术在测量过程中的应用，如人工智能在图像识别、特征提取、测量结果预测等方面的应用，机器学习算法在测量数据建模、误差补偿等方面的应用。探讨智能化测量对精度提升的贡献，以及如何通过智能化技术实现测量过程的自适应控制和智能决策，提高测量效率和质量。

对自动化与智能化的行业应用前景进行展望，分析自动化与智能化技术在不同工业领域（如精密机械加工、汽车制造、航空航天、电子光学等）的应用趋势和潜在价值。结合工业 4.0 背景，探讨三坐标测量机在智能制造环境下的智能化应用模式和发展方向，如与智能制造系统的集成、实现远程监控与故障诊断等功能。同时，关注持续创新与行业发展的趋势，为企业和研究机构在三坐标测量机自动化与智能化发展方面提供战略指导。

第二章　三坐标测量机原理与技术基础

第一节　三坐标测量机的工作原理

一、三坐标测量机的基本工作原理

三坐标测量机作为现代制造业中不可或缺的精密测量设备，在确保产品质量、推动制造工艺进步等方面发挥着关键作用。其核心价值在于能够对工件的尺寸、形状及其复杂的几何特征进行高精度测量，为产品的设计验证、生产过程监控以及质量控制提供了至关重要的数据支持。三坐标测量机的工作原理建立在笛卡尔坐标系的基础之上。笛卡尔坐标系作为一种正交坐标系，由三个相互垂直的坐标轴（X、Y、Z 轴）构成，为空间中任意一点的定位提供了精确的数学框架。在三坐标测量机中，这三个坐标轴分别对应着测量机的三个主要运动方向。通过在这三个维度上对测量头进行精确的位置控制和测量，设备能够获取被测物体表面各点在三维空间中的准确坐标信息。这种基于笛卡尔坐标系的测量方式，赋予了三坐标测量机在三维空间内对目标物体进行全方位、高精度检测的能力，满足了现代制造业对于复杂零部件高精度测量的严苛需求，成为推动制造业向高精度、高质量方向发展的重要技术支撑。

（一）测量原理及传感器作用

三坐标测量机的测量过程涉及机械臂在 X、Y、Z 轴上的精确移动以及测量头对物体表面的探测，这一过程中传感器发挥着至关重要的作用。

在接触式测量模式下，测量头的探针与物体表面发生物理接触。以常见的触发式测量头为例，当探针与工件表面接触时，会产生微小的弹性变形，这种变形导致测量头内部的触发机构动作。触发机构通常基于应变片、微动开关等原理设计，当受到微小力的作用时，会引起电参数的变化，如电阻值的改变或电路的导通与断开。通过精确设计的电路系统，将这种电参数的变化转化为电信号输出。该电信号的大小与探针的位移量严格成正比，通过对电信号的精确测量和处理，结合测量机预先校准的参数，能够准确确定被测点在三维空间中的位置。这种接触式测量方式由于直接与工件表面接触，能够精确感知表面的微观几何形状，因此在精度方面具有显著优势。

非接触式测量则采用了更为先进和多样化的技术手段。以激光测量技术为例，测量头发射出一束高能量、高聚焦性的激光束，当激光束照射到物体表面时，部分光线会发生反射。测量头内置的光电传感器会接收反射光线，并根据光线的传播时间、反射角度等信息，利用三角几何原理精确计算出测量点与测量头之间的距离，进而确定该点在三维空间中的坐标。此外，还有基于光学成像、白光干涉等原理的非接触式测量技术。这些技术通过对物体表面反射或透射的光线进行分析，利用图像处理算法提取物体表面的特征信息，实现对测量点坐标的精确计算。非接触式测量技术的优势在于能够快速获取大量的测量数据，且不会对被测物体表面造成任何物理损伤，因此适用于各种材质和形状的物体测量。

无论是接触式还是非接触式测量，测量过程中获取的坐标信息都需要与测量系统的反馈控制进行紧密配合。测量系统通过内置的高精度编码器、光栅尺等位置检测装置，实时监测测量头在各坐标轴上的位置。当测量头移动到目标位置进行测量时，测量系统会将实际测量得到的坐标信息与预设的理论值进行比对。如果存在偏差，反馈控制系统会根据偏差的大小和方向，精确调整测量头的运动，使其尽可能接近理论位置，从而实现对测量误差的有效补偿和校正。通过这种闭环反馈控制机制，三坐标测量机能够在复杂的测量环境下保持高精度的测量性能，确保测量结果的准确性和可靠性。

（二）数据处理与坐标计算

三坐标测量机在完成对物体表面各点的测量后，获取的大量三维坐标数据需要经过复杂而精确的数据处理与坐标计算过程，才能转化为有实际意义的测量结果，为产品质量评估和生产过程控制提供支持。

测量机内部的计算系统是数据处理的核心枢纽。该系统具备强大的运算能力和实时处理能力，能够对测量头采集到的海量坐标数据进行快速分析和处理。在数据采集阶段，测量机通过高精度的光栅尺和编码器等精密测量设备，将测量头在 X、Y、Z 轴上的位置精确转换为数字信号。光栅尺利用光学干涉原理，通过测量光栅条纹的移动数量和方向，精确测量测量头在坐标轴上的位移；编码器则通过对旋转部件的角度测量，间接获取测量头的位置信息。这些数字信号被实时传输到计算系统中，作为后续数据处理的基础。在建立零件测量坐标系时，通常根据零件图纸的基准要求来决定具体方法。一般步骤如下（见图 2-1）：第一，找正平面并确立一个与该平面垂直的轴作为空间第一轴向，例如 Z 轴。第二，在该平面上找一根与 Z 轴相交的线，作为第二轴向，通常为 X 轴或 Y 轴。第三，通过绕 Z 轴旋转来确定 X 轴或 Y 轴，进而完成工件的定位。第四，设置工件的坐标零点，通常选择工件上的某一测量点、圆心、球心等作为零点位置。

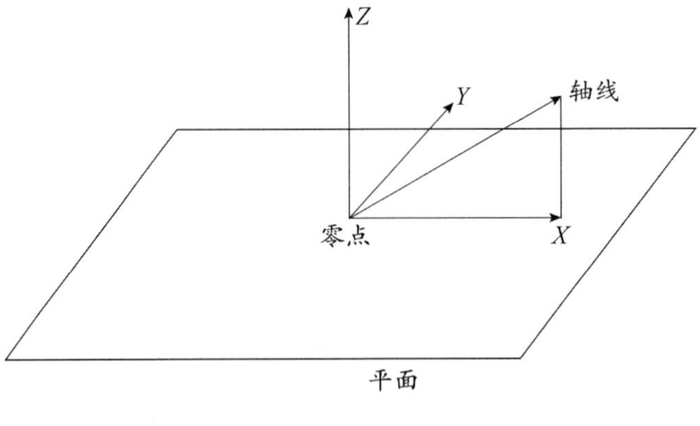

图 2-1　坐标系的建立

计算系统首先对采集到的原始数据进行预处理，包括数据滤波、去噪等操作。由于测量过程中不可避免地会受到各种噪声干扰，如电气噪声、机械振动噪声等，这些噪声会影响测量数据的准确性。采用数字滤波算法，如均值滤波、中值滤波等，可以有效地去除噪声，提高数据的质量。接下来，计算系统会根据测量的目的和要求，对处理后的数据进行进一步的分析和计算。例如，在测量工件的尺寸时，系统会根据采集到的多个测量点的坐标信息，计算出工件的长度、宽度、高度等基本尺寸参数。对于形状复杂的工件，计算系统会运用先进的几何算法，如最小二乘法拟合、曲面重构等技术，对工件的形状进行精确描述和分析，计算出形状误差、表面粗糙度等参数。

在计算工件的形状误差时，计算系统会将测量得到的实际形状与理论设计形状进行比对。通过建立合适的数学模型，将测量点的坐标与理论模型进行匹配，计算出两者之间的偏差值。这些偏差值反映了工件在制造过程中产生的形状误差，通过对形状误差的分析，可以判断工件是否符合设计要求，以及找出可能存在的制造工艺问题。对于表面粗糙度的计算，计算系统会根据测量点在工件表面的分布情况，分析表面微观几何形状的变化，采用特定的算法计算出表面粗糙度参数，如 Ra（算术平均偏差）、Rz（十点高度）等。这些参数能够直观地反映工件表面的光滑程度，对于评估工件的表面质量和性能具有重要意义。

数据处理的最后一个关键环节是将计算得到的测量结果与预先设定的标准参考值进行比较。标准参考值通常来源于产品的设计图纸或质量标准，通过将测量结果与标准值进行对比，可以快速判断工件是否合格。如果测量结果超出了允许的公差范围，计算系统会及时发出警报，并提供详细的误差信息，指导生产人员进行调整和改进。这种基于数据处理和坐标计算的质量控制方法，使得三坐标测量机在现代制造业中成为确保产品质量的重要工具，能够有效提高生产效率、降低生产成本，推动制造业向智能化、高精度方向发展。

二、测量过程的步骤与技术要点

（一）测量准备阶段

测量准备阶段在整个三坐标测量过程中占据着基础性且至关重要的地位，其完善程度直接决定了后续测量结果的可靠性与精度水平。

在这一阶段，操作人员面临的首要任务是依据被测物体的具体特性和测量任务的详细要求，审慎选择合适的三坐标测量机型号以及测量头类型。三坐标测量机市场上型号繁多，不同型号在诸多关键性能指标上存在显著差异。例如，在测量范围方面，大型三坐标测量机的行程可达到数米甚至数十米，能够满足诸如汽车车身、飞机机翼等大型工件的测量需求；而小型精密测量机的测量范围相对较小，但在精度上表现卓越，可精确到微米级别，适用于电子芯片、精密机械零件等小型高精度部件的测量。因此，在选择测量机型号时，需要精确考量被测物体的最大外形尺寸，确保测量机的测量范围能够完全覆盖工件，避免因测量范围不足而无法获取完整的测量数据。

与此同时，测量头类型的选择同样不容忽视。测量头作为直接与被测物体相互作用的部件，其性能和适用性对测量结果有着决定性影响。接触式测量头凭借其与物体表面直接接触的方式，能够精确感知表面的微观几何形状变化。常见的接触式测量头包括触发式和扫描式两种。触发式测量头在探针与物体表面接触瞬间产生触发信号，通过精确记录触发时刻的坐标位置来获取测量点信息，适用于形状规则、表面硬度较高且对测量效率有一定要求的物体测量，如机械加工的金属零件。扫描式测量头则能够在与物体表面保持接触的状态下连续移动，实时采集大量的测量点数据，可用于获取复杂曲面的精确形状信息，但对测量环境和操作人员的技能要求相对较高。

非接触式测量头是利用光学、激光等技术实现对物体表面的无接触测量。激光测量头通过发射激光束并接收反射光，利用三角测量原理计算测量点的位置，具有测量速度快、对被测物体无损伤的优点，特别适用于柔软、易变形或表面不适合接触的物体，如塑料制品、橡胶制品以及具有高精度表面要求的光学元件。此外，基于光学成像原理的测量头能够通过拍摄物体表面图像，利用图像处理算法提取物体的几何信息，在测量复杂形状和具有纹理特征的物体时表现出色。

（二）安装与校准

安装和校准环节是保障三坐标测量机实现高精度测量的核心关键步骤。

测量机的安装基础必须具备高度的稳定性，这是因为任何外界的振动、冲击或温度变化都可能对测量精度产生不可忽视的负面影响。在安装选址时，应优先选择远离大型机械设备、交通要道等振动源的区域，并确保安装地面的平整度和承载能力满足测量机的要求。通常测量机需要安装在经过特殊处理的地基上，如采用混凝土浇筑的基础平台，并在基础平台与测量机之间设置减振垫，以有效隔离外界振动的传递。

安装完成后，精确校准成为确保测量机性能的关键操作。校准工作涵盖了多个关键参数的调整与修正，其中各轴之间的垂直度和直线度是最为重要的指标之一。各轴之间的垂直度偏差会导致测量结果在空间维度上出现扭曲，从而产生较大的测量误差；而直线度偏差则会使测量头在沿轴移动过程中偏离理想轨迹，影响测量点的准确位置获取。

为实现精确校准，需要借助一系列高精度的校准工具。标准球是常用的校准工具之一，其具有极高的尺寸精度和球形度。通过将标准球放置在测量空间内的不同位置，利用测量机测量标准球表面的多个点，通过计算测量点与标准球理论球心的偏差，可对测量机的各轴精度进行校准和补偿。量块作为长度测量的标准器具，可用于校准测量机在各坐标轴方向上的长度测量精度。通过测量已知长度的量块，对比测量结果与量块的标准长度，能够发现并修正测量机在长度测量方面的误差。

激光干涉仪则是一种更为先进和精确的校准设备，它利用激光的干涉原理，能够对测量机的各轴运动精度进行全面、高精度的测量和校准。激光干涉仪可以测量轴的直线度、垂直度、角度偏差以及定位精度等多个参数，通过与测量机控制系统的配合，能够实时反馈测量结果并进行误差修正，确保测量机达到最佳的测量精度状态。校准过程实际上是一个与已知标准物体进行对比测量的过程，通过不断调整测量机的参数，修正其潜在的系统误差，使测量机的测量结果尽可能接近真实值，从而满足各种高精度测量任务的要求。

（三）测量规划与路径设置

在正式启动测量工作之前，精心制定合理的测量规划并科学设置测量路径是确保测量工作高效、准确完成的重要前提。

测量规划涵盖了多个方面的考量因素，其中测量路径的确定和测量点的分布方案是核心内容。测量路径的规划需要综合考虑多个因素，首要目标是避免测量头与物体表面发生不必要的碰撞。这不仅关乎测量设备的安全，更直接影响测量工作的连续性和准确性。在规划测量路径时，操作人员需要对被测物体的外形结构有清晰的认识，利用测量软件的模拟功能，提前预览测量头的运动轨迹，确保在整个测量过程中测量头与物体之间保持安全的距离。

同时，测量路径应能够保证全面、准确地采集物体的几何信息。对于形状简单、规则的物体，测量路径的规划相对较为直接，可以沿着物体的主要尺寸方向或对称轴线进行测量，以获取关键的尺寸参数和形状特征。然而，对于形状复杂的物体，如具有自由曲面、内部型腔或多个特征面的零件，测量路径的规划则需要更加细致和复杂。此时，需要结合物体的设计图纸和测量要求，分析物体的几何特征，确定关键的测量部位和特征点，通过合理的路径规划确保这些关键部位和特征点都能被准确测量。

测量点的布置同样需要根据物体的形状、复杂度和精度要求进行科学合理的设置。对于形状规则、表面相对平整的物体，由于其几何形状变化较为平缓，可以适当减少测量点的数量，采用较为稀疏的测量点分布方案。例如，对于长方体形状的工件，在测量其长度、宽度和高度时，可以在每个面上均匀选取几个测量点，通过这些点的测量数据来确定工件的尺寸。但对于复杂形状的零件，如航空发动机叶片、汽车模具等，其表面存在大量的曲面和复杂的几何特征，为了精确获取这些特征的几何信息，需要在关键部位和曲率变化较大的区域密集分布测量点。例如，在叶片的前缘、后缘以及叶型的转折处等部位，需要增加测量点的密度，以准确捕捉这些部位的形状变化，从而保证测量结果能够真实反映物体的实际几何形状。

测量点的分布还需要考虑对测量精度的要求。在对测量精度要求较高的区域，应适当增加测量点的数量，以提高测量结果的可靠性。同时，测量点的分布应尽量均匀，避免出现局部测量点过于密集或稀疏的情况，以保证测量数据的一致性和有效性。通过合理的测量点分布方案，可以在满足测量精度要求的前提下，最大限度地提高测量效率，减少测量时间和数据处理的工作量。

（四）测量实施

在测量实施阶段，操作人员严格遵循预先精心设定的测量规划进行操作，确保测量头与被测物体表面保持良好的接触或探测状态，这是获取准确测量数据的关键。

对于接触式测量而言，精确控制测量探针的测量能力是一项至关重要的技术要点。测量力是指测量探针与被测物体表面接触时所施加的力。如果测量力过大，可能会对物体表面造成变形或损坏，尤其是对于质地较软或表面精度要求较高的物体，这种影响更为明显。例如，在测量铝合金薄壁零件或精密光学镜片时，过大的测量力可能会使零件表面产生压痕或变形，导致测量结果偏离真实值；相反，如果测量力过小，探针与物体表面可能无法保持稳定的接触，容易出现接触不良或跳动现象，同样会影响测量数据的准确性和稳定性。因此，操作人员需要根据被测物体的材质、硬度和表面精度要求，合理调整测量探针的测量力度。通常，在测量前需要对测量力进行校准和优化，通过使用标准测力仪等工具，确保测量力在合适的范围内，并在测量过程中实时监控测量力的变化，及时进行调整，以保证测量结果的可靠性。

在非接触式测量中，确保测量头与物体表面之间保持合适的距离是保证测量精度的关键因素。以激光测量头为例，测量头与物体表面之间的距离直接影响激光束的反射和接收效果。如果距离过近，激光束可能会在物体表面产生过度的散射或反射光强度过强，导致测量头无法准确接收反射光信号；如果距离过远，激光束在传播过程中会受到更多的干扰，如空气尘埃、湿度等因素的影响，反射光强度会减弱，同样会影响测量的准确性。因此，在测量前需要根据测量头的型号和测量要求，确定合适的测量距离范围，并在测量过程中通过测量系统的自动对焦或距离调整功能，实时保持测量头与物体表面之间的距离在最佳状态。此外，还需要注意测量环境的稳定性，避免环境因素对测量距离和光线传播的影响，确保激光束或光学信号能够准确地反射和接收，从而获取高质量的测量数据。

（五）数据采集与分析

测量工作完成后，测量系统会收集到大量的原始数据，这些数据犹如一座蕴含丰富信息的宝藏，但需要经过精细的预处理和深入的分析，才能提炼出有价值的测量结果。

首先，对原始数据进行滤波处理是必不可少的步骤。在测量过程中，由于受到各种因素的干扰，如测量设备的噪声、环境的微小振动以及电气信号的干扰等，采集到的数据中往往包含噪声和异常值。这些噪声和异常值会严重影响测量结果的准确性和可靠性，因此需要采用合适的滤波算法对原始数据进行处理。常见的滤波算法包括均值滤波、中值滤波、高斯滤波等。均值滤波是通过计算数据窗口内的平均值来替换每个数据点，能够有效去除随机噪声；中值滤波则是将数据窗口内的数据进行排序，取中间值作为滤波后的结果，对于去除脉冲噪声效果显著；高斯滤波则是根据高斯函数对数据进行加权平均，能够在去除噪声的同时保留数据的细节特征。通过这些滤波算法的应用，可以有效地降低噪声的影响，提高数据的质量。

去除噪声和异常值后，需要结合具体的测量任务要求，运用特定的算法对数据进行深入处理，以计算出目标物体的关键参数。例如，在测量物体的尺寸时，通常会采用最小二乘法进行数据拟合。最小二乘法的原理是通过寻找一条最佳拟合曲线或平面，使得测量数据点到该曲线或平面的距离平方和最小。通过这种方法，可以根据测量点的数据准确计算出物体的长度、宽度、高度等尺寸参数，并且能够有效减少测量误差的影响。对于形状复杂的物体，需要运用拟合算法对物体的表面形状进行拟合和分析。例如，对于具有自由曲面的物体，可以采用样条曲线拟合或曲面拟合算法，将测量点拟合成光滑的曲线或曲面，从而获取物体的精确形状信息，并计算出形状误差等参数。

经过上述数据处理后，最终的测量结果将被传输到专门的分析软件中进行进一步的质量评估。分析软件具备强大的数据分析和可视化功能，能够将测量结果与预先设定的设计规范进行详细比对。通过设定公差范围，软件可以自动判断物体的各项参数是否符合设计要求。如果测量结果超出公差范围，软件会精确指出偏差的位置和大小，并生成详细的报告。同时，分析软件还可以通过图形化的方式展示测量结果，如绘制测量点云图、误差分布图等，使操作人员能够直观地了解物体的测量情况和质量状况。通过这种全面、深入的数据采集与分析过程，可以为产品的质量控制和生产过程优化提供有力的支持，确保产品符合严格的质量标准。

第二节　三坐标测量机的构成与类型

一、三坐标测量机的基本构成

三坐标测量机是现代精密制造和质量控制中的关键设备，其结构通常由机械系统、测量系统、控制系统和软件系统四大部分组成。这四个系统相互协作，确保三坐标测量机能够在不同的应用场合提供高精度的测量数据。以下是对这些组成部分的详细介绍。

（一）机械系统

机械系统是三坐标测量机的基础结构，承载并支持测量系统和控制系统的工作。它为测量机提供了稳定的物理平台，从而确保了测量过程中的精度和稳定性。机械系统通常包括底座、导轨、横梁和滑架等部分。

1. 底座

底座作为三坐标测量机的根基部件，承担着支撑整个设备的重任，其性能直接关乎设备在工作过程中的稳定性与抗振性。在三坐标测量机的运行过程中，会受到来自各个方面的力的作用，包括自身重力、测量过程中的动态作用力以及外界环境带来的振动和冲击等。因此，底座必须具备足够的强度和刚度，才能够在这些复杂的受力情况下保持稳定，确保测量机的各个部件能够正常工作，进而保证测量结果的准确性。

在材料选择方面，铸铁和花岗岩是目前三坐标测量机底座最常用的两种材料。铸铁材料具有良好的铸造性能，可以通过各种铸造工艺制造出形状复杂、结构合理的底座。其内部存在的石墨组织赋予了铸铁一定的减振性能，能够有效吸收和衰减设备运行过程中产生的振动能量，减少振动对测量精度的影响。此外，铸铁材料的成本相对较低，在满足性能要求的前提下，能够降低设备的制造成本。

花岗岩材料则以其卓越的性能特点在高精度三坐标测量机底座制造中得到广泛应用。花岗岩具有极高的硬度和耐磨性，能够保证底座在长期使用过程中尺寸的稳定性。其内部结构均匀，晶体颗粒细小，使得花岗岩具有良好的减振性和温度稳定性。在温度变化较大的环境中，花岗岩的热膨胀系数极小，能够有效减小因温度变化而导致的尺寸变形，从而确保测量机在不同温度条件下都能保持高精度的测量性能。例如，在一些对温度敏感的精密测量任务中，采用花岗岩底座的三坐标测量机能够更好地适应环境变化，提供更加稳定可靠的测量结果。

2. 导轨

导轨作为测量机各轴运动的导向部件，其精度对于测量机的运动精度起着决定性作用。在三坐标测量机的工作过程中，测量头需要在各个轴向上进行精确的移动，以获取被测物体不同位置的测量数据。导轨的作用就是确保测量头在运动过程中能够严格按照预定的轨迹进行移动，从而保证测量的准确性。

高精度的导轨在制造材料的选择上极为考究，通常采用花岗岩或高品质钢材。花岗岩导轨凭借其天然的特性，如质地均匀、硬度高、耐磨性好等，为测量机提供了稳定的运动导向。经过精密加工和研磨后，花岗岩导轨的表面精度能够达到极高的水平，其直线度误差可以控制在极小的范围内。这种高精度的直线度保证了滑架在沿着导轨运动时，能够保持精确的直线轨迹，减少因导轨不直而导致的测量误差。

高品质钢材制成的导轨同样具有出色的性能。钢材经过特殊的热处理工艺后，能够获得良好的机械性能，如高强度、高韧性等。在加工过程中，通过先进的加工设备和工艺，对钢材导轨进行精密磨削和研磨，使其表面光洁度达到极高的标准。高表面光洁度能够有效减少导轨与滑架之间的摩擦系数，确保滑架在运动过程中顺畅无阻，避免因摩擦产生的振动和噪声对测量精度的影响。此外，导轨的制造工艺还包括对其几何形状的精确控制。导轨的横截面形状通常设计为特定的几何形状，如矩形、V 形等，这些形状的设计旨在提供更好的承载能力和导向精度。在制造过程中，通过精密的加工和检测手段，确保导轨的各个几何参数符合设计要求，从而保证滑架在导轨上的运动精度和稳定性。

3. 横梁与滑架

横梁在三坐标测量机的结构中起着重要的支撑和连接作用，它通常安装在底座上，为测量头和滑架提供稳定的支撑平台以及必要的运动空间。横梁的设计和制造需要充分考虑其刚度和强度要求，以确保在承载测量头和滑架的重量以及在设备运行过程中所受到的各种力的作用下，不会发生明显的变形或振动，从而保证测量的精度。

滑架作为带动测量头实现精确运动的关键部件，其运动精度和稳定性对整个测量过程的精确性有着至关重要的影响。滑架需要沿着横梁和导轨在 X、Y、Z 三个方向上进行精确的运动，以便能够将测量头准确地送达被测物体的各个测量位置。为了实现这一目标，滑架的设计和制造需要采用高精度的技术和工艺。

在滑架的制造过程中，对其结构设计进行了精心优化，以确保其具有足够的刚度和较轻的重量。通过采用轻量化的材料和合理的结构布局，在保证滑架能够承受测量头的重量以及运动过程中产生的惯性力的同时，尽可能降低其自身重量，从而提高滑架的运动响应速度和灵活性。

滑架与横梁和导轨之间的连接和传动方式也经过了精心设计。通常采用高精度的滚珠丝杠、直线导轨副等传动部件，这些部件具有传动效率高、运动精度高、摩擦力小等优点。通过精确的装配和调试，确保滑架在各个方向上的运动精度和重复性，能够满足不同测量任务对测量精度的严格要求。此外，滑架的运动控制系统也是保证其运动精度的关键因素之一。先进的运动控制系统能够实时监测和调整滑架的运动状态，根据测量任务的要求精确控制滑架的运动速度、加速度和位置，确保测量头能够准确、快速地到达指定的测量位置，从而提高整个测量过程的效率和精度。

（二）测量系统

测量系统是三坐标测量机的核心部分，负责获取物体表面的精确位置数据。它通常由测量头和测量传感器组成。

1. 测量头

测量头作为测量系统中与被测物体直接交互的前端部件，其工作方式和性能特点对测量过程和结果有着深远的影响。它的功能是通过直接接触或非接触的方式，探测物体表面的几何信息，进而为后续的数据处理和分析提供原始数据。

在接触式测量头方面，它主要通过与物体表面发生物理接触来实现位移感知。这种测量方式基于机械结构和力学原理，当测量头的触针与物体表面接触时，触针会产生微小的位移，测量头内部的机械结构会将这种位移转化为电信号或其他可测量的信号，从而实现对物体表面位置的精确测量。接触式测量头具有较高的测量精度，能够精确地获取物体表面的微观几何形状信息，尤其适用于对形状复杂、精度要求高的物体进行测量。例如，在航空航天领域，对于发动机叶片、精密模具等零部件的测量，接触式测量头能够提供高精度的测量数据，满足严格的质量控制要求。然而，接触式测量头在测量过程中会对被测物体表面产生一定的压力，可能会对一些柔软、易变形的材料造成损伤，同时测量速度相对较慢，不适用于对大量数据快速采集的场合。

非接触式测量头则采用光学、激光等先进技术原理来感知物体表面的信息。以激光测量头为例，它利用激光束照射物体表面，通过测量激光束在物体表面反射或散射后的光信号，根据光学三角测量原理或激光干涉原理等，计算出测量头与物体表面之间的距离，从而获取物体表面的三维坐标信息。这种测量方式具有非接触、测量速度快、对被测物体无损伤等优点，适用于对各种材料和形状的物体进行快速测量，尤其在一些不适合接触式测量的场合，如对高温、高硬度、易损材料或表面粗糙的物体进行测量时，非接触式测量头展现出了独特的优势。例如，在汽车制造行业中，对于车身覆盖件的快速检测和逆向工程，非接触式测量头能够快速获取大量的表面数据，大大提高了测量效率和工作效率。但非接触式测量头也存在一定的局限性，由于受到光学原理和环境因素的影响，其测量精度相对接触式测量头略低，对于一些表面反射率不均匀或形状复杂的物体，可能会出现测量误差或数据缺失的情况。

测量头的选型是一个复杂且关键的决策过程，需要综合考虑多个因素。测量精度是首要考虑因素之一，不同的测量任务对精度的要求差异很大，如在精密机械加工领域，可能需要亚微米级的测量精度，而在一些一般性的工业检测中，毫米级的精度可能就能够满足需求。适用范围也是重要的考量因素，包括被测物体的材料、形状、尺寸以及表面特性等。对于柔软材料，应优先选择非接触式测量头；对于形状复杂的物体，需要考虑测量头的探测角度和灵活性；对于大尺寸物体，要确保测量头能够覆盖整个测量区域。此外，测量效率、成本以及与测量机其他部件的兼容性等因素也需要在选型过程中进行权衡。合理的测量头选型能够充分发挥三坐标测量机的性能优势，提高测量工作的准确性和效率。

2. 测量传感器

测量传感器在三坐标测量机的测量系统中扮演着关键角色，其主要功能是精确测量测量头在 X、Y、Z 三个轴方向上的位置信息，为测量结果提供准确的数据支持。测量传感器的性能直接决定了三坐标测量机的测量精度、分辨率以及测量数据的可靠性。

在众多测量传感器中，光栅尺是一种基于光学原理的高精度测量传感器，被广泛应用于三坐标测量机。光栅尺由标尺光栅和指示光栅组成，标尺光栅通常安装在测量机的导轨上，指示光栅则与滑架相连。当滑架带动测量头在导轨上移动时，指示光栅相对于标尺光栅发生位移，此时光线透过光栅的刻线产生莫尔条纹。莫尔条纹的移动与滑架的位移成正比关系，通过光电转换装置将莫尔条纹的光信号转换为电信号，并经过信号处理电路进行细分和计数，就可以精确地测量出滑架在导轨上的位移量，从而确定测量头在相应轴向上的位置。

光栅尺具有诸多显著优点，使其成为三坐标测量机测量系统的理想选择。首先，光栅尺具有极高的测量精度，其分辨率可以达到微米甚至亚微米级别，能够满足各种高精度测量任务的需求。在精密制造业中，对于零部件尺寸公差要求严格的测量工作，光栅尺能够提供精确可靠的测量数据，确保产品质量符合标准。其次，光栅尺的响应速度快，能够实时跟踪测量头的运动状态，快速准确地获取位置信息，这对于提高测量效率和动态测量性能至关重要。在高速运动的测量过程中，光栅尺能够及时反馈测量头的位置变化，保证测量数据的实时性和准确性。最后，光栅尺还具有良好的稳定性和抗干扰力，其结构相对简单，可靠性高，能够在复杂的工业环境中稳定工作，减少因外界干扰而导致的测量误差。

除了光栅尺，感应同步器也是一种常见的测量传感器。感应同步器基于电磁感应原理工作，由定尺和滑尺组成。当滑尺在定尺上移动时，通过电磁感应产生感应电动势，感应电动势的变化与滑尺的位移量相关。通过对感应电动势进行检测和处理，可以精确测量出滑尺的位移，进而确定测量头在相应轴向上的位置。感应同步器具有精度较高、抗干扰力强、工作可靠等优点，尤其适用于一些对环境适应性要求较高的工业测量场合。

测量传感器的性能直接影响三坐标测量机的测量精度和效率。为了确保测量系统的高性能，在选择测量传感器时，需要根据测量机的具体应用场景和测量要求，综合考虑传感器的精度、分辨率、响应速度、稳定性等参数。同时，还需要注意传感器的安装和调试，确保其与测量机的其他部件能够良好配合，实现精确的位置测量和数据采集。只有这样，才能充分发挥三坐标测量机的测量能力，为工业生产和科学研究提供准确可靠的测量数据。

（三）控制系统

控制系统负责三坐标测量机的运动控制和测量过程管理。它将操作人员输入的指令转化为控制信号，通过电机驱动各轴运动，使测量头按照预定路径精确地到达指定位置。

1. 电机与驱动系统

控制系统对测量机各轴运动的驱动，依赖于精心设计的电机与驱动系统。在现代三坐标测量机领域，伺服电机和步进电机凭借其卓越的性能，成为驱动各轴运动的主力军。

伺服电机以其出色的动态响应特性和高精度控制能力，在三坐标测量机中得到广泛应用。它通过接收控制系统发出的精确电信号，能够迅速做出响应，实现快速且精准的旋转运动。其工作原理基于闭环控制机制，电机内部配备的编码器会实时反馈电机的旋转位置和速度信息，控制系统根据这些反馈数据，不断调整输入电机的电流和电压，从而精确控制电机的转速和转角，确保与之相连的测量机轴能够按照预定的轨迹和速度进行运动。这种闭环控制方式使得伺服电机在面对复杂的运动指令时，依然能够保持高度的准确性和稳定性，有效避免了因负载变化或外界干扰而导致的运动偏差。例如，在对高精度零部件进行测量时，伺服电机能够驱动测量头在微小的范围内进行精确移动，以获取准确的测量数据，满足严格的质量检测要求。

步进电机同样在三坐标测量机中发挥着重要作用。它的工作方式独特，是将电脉冲信号转换为角位移或线位移。每接收到一个电脉冲信号，步进电机就会精确地转动一个固定的角度，这个角度被称为步距角。通过精确控制脉冲信号的数量、频率和顺序，控制系统可以精准地控制步进电机的旋转角度和速度，进而实现对测量机各轴运动的精确控制。步进电机的优点在于其控制简单、成本较低，并且在开环控制模式下也能够保持一定的精度。在一些对精度要求相对较低、成本敏感的应用场景中，步进电机能够以较为经济的方式满足测量机的基本运动需求。例如，在一些小型的、用于一般性工业检测的三坐标测量机中，步进电机可以提供稳定可靠的驱动，实现测量头在一定范围内的精确移动。

无论是伺服电机还是步进电机，它们在三坐标测量机的电机与驱动系统中，都需要与精密的机械传动部件紧密配合，如滚珠丝杠、同步带等。这些机械传动部件负责将电机的旋转运动转化为测量机各轴的直线运动，同时进一步提高运动的精度和稳定性。例如，滚珠丝杠通过滚动摩擦的方式传递动力，具有传动效率高、摩擦力小、定位精度高的特点，能够将电机的旋转精确地转化为直线位移，确保测量头在各轴向上的运动精度。

2. 实时反馈与修正

控制系统的实时监控和反馈功能是保障三坐标测量机测量精度和稳定性的关键所在。在测量过程中，测量传感器会持续不断地将测量头在各轴方向上的实际位置信息反馈给控制系统。这些实时数据就如同测量机的“眼睛”，让控制系统能够实时了解测量头的运动状态。

控制系统接收到测量传感器反馈的数据后，会立即将其与预先设定的目标位置进行对比分析。一旦发现实际位置与目标位置存在偏差，控制系统会迅速启动修正机制。通过精确计算运动误差的大小和方向，控制系统会及时调整电机的驱动信号，对测量机各轴的运动状态进行相应的调整。这种实时反馈与修正的过程是一个动态循环的过程，在测量头的整个运动过程中持续进行，确保测量头始终朝着目标位置精确移动。以在复杂曲面物体的测量为例，测量头在沿着曲面移动的过程中，由于各种因素的影响，如机械结构的微小振动、负载变化等，可能会导致实际运动轨迹与预定轨迹出现偏差。此时，测量传感器会及时捕捉到这些偏差信息并反馈给控制系统。控制系统迅速分析这些误差数据，调整电机的驱动参数，使测量头能够及时纠正运动方向，始终保持在精确的测量路径上，从而有效避免因运动误差积累而导致的测量精度下降。

高级控制系统更是将实时反馈与修正功能提升到了一个新的高度，支持自动化、智能化操作。通过引入先进的算法和模型，控制系统能够对测量过程中的各种数据进行深度分析和预测。例如，基于机器学习算法，控制系统可以根据历史测量数据和当前的测量状态，预测可能出现的运动误差，并提前进行调整，进一步提高测量的精度和效率。在自动化操作方面，控制系统可以根据预设的测量程序，自动完成整个测量过程，无须人工干预。在遇到异常情况时，系统能够自动做出判断并采取相应的措施，如暂停测量、报警提示等，大大提高了测量工作的可靠性和稳定性。

（四）软件系统

软件系统作为三坐标测量机的核心“大脑”，在整个测量过程中发挥着至关重要的作用。它不仅仅是一个数据处理的工具，更是连接操作人员与硬件系统的桥梁，负责对测量数据进行全面、深入地处理、分析以及高效管理。通过与硬件系统的紧密协作，软件系统借助友好直观的人机交互界面，为用户提供了一系列丰富且实用的功能，涵盖测量任务规划、参数设置、实时监控以及数据分析等多个关键环节，极大地提升了三坐标测量机的操作便捷性与测量效率。

1. 测量任务管理与监控

在三坐标测量机的实际操作中，测量任务管理与监控功能是软件系统的重要组成部分。操作人员通过软件界面，能够便捷且精准地规划测量路径。这一过程并非简单地随意设定，而是需要综合考虑被测物体的几何形状、尺寸大小、测量精度要求以及测量头的运动特性等多方面因素。例如，对于一个复杂的机械零部件，软件系统可以利用其内置的智能算法，根据零部件的三维模型自动生成最优的测量路径，确保测量头能够全面、高效地覆盖被测表面，同时避免不必要的运动和碰撞，有效提高测量效率并延长测量设备的使用寿命。

测量参数的设置同样在软件界面中得以轻松实现。这些参数包括测量速度、采样点数、测量力等，每一个参数的设置都直接影响着测量结果的准确性和可靠性。软件系统会根据不同的测量需求和被测物体的材质、特性等，为操作人员提供合理的参数建议范围。操作人员可以根据实际情况进行微调，以达到最佳的测量效果。例如，在测量柔软材料时，需要适当降低测量力，防止材料表面因受力过大而产生变形，从而影响测量精度；而对于高精度测量任务，则需要增加采样点数，以获取更丰富、更精确的数据。

在测量过程中，实时监控功能让操作人员能够随时掌握测量机的运行状态。软件界面会实时显示测量头的位置、运动轨迹、测量数据的采集情况等信息。操作人员可以通过这些直观的反馈，及时发现潜在的问题，如测量头是否偏离预定路径、数据采集是否正常等。一旦出现异常情况，操作人员可以立即通过软件界面进行干预和调整，确保测量过程的顺利进行。例如，如果发现测量头在某一位置的运动速度异常，操作人员可以通过软件界面实时调整速度参数，保证测量的稳定性和准确性。

软件系统提供的界面具有高度的灵活性，充分考虑了不同用户在各种测量场景下的多样化需求。操作人员可以根据具体的测量任务，对界面进行个性化的配置和调整。例如，对于经常进行特定类型零部件测量的用户，可以自定义界面布局，将常用的测量功能和参数设置快捷方式放置在显眼位置，方便快速操作；还可以根据个人习惯调整界面的显示风格、颜色等，提高操作的舒适度和便捷性。这种灵活性使得软件系统能够更好地适应不同用户的操作习惯和专业水平，进一步提升了用户体验和工作效率。

2. 数据处理与分析

软件系统集成的强大数据处理和分析模块，是实现三坐标测量机精确测量和深入质量评估的核心所在。在测量过程中，采集到的原始测量数据往往包含各种噪声和误差，需要经过严格的数据处理才能转化为有价值的信息。

数据过滤是数据处理的首要环节。由于测量环境的复杂性以及测量设备本身的局限性，采集到的数据可能存在随机噪声或异常值。软件系统采用先进的滤波算法，如高斯滤波、中值滤波等，对原始数据进行处理，去除噪声干扰，使数据更加平滑、准确。这些滤波算法能够根据数据的统计特征，自动识别并剔除异常数据点，保留真实有效的测量信息，为后续的数据分析提供可靠的数据基础。

拟合是数据处理中的另一个重要步骤。在很多情况下，测量得到的数据点需要通过拟合算法来构建数学模型，以更准确描述被测物体的几何形状。例如，对于测量得到的一系列离散点，软件系统可以运用最小二乘法等拟合算法，将这些点拟合为直线、平面、圆、圆柱等基本几何元素。最小二乘法通过最小化测量点与拟合曲线或曲面之间的误差平方和，找到最能代表这些数据的数学模型，从而实现对被测物体几何形状的精确描述。

误差分析是确保测量精度和质量的关键环节。软件系统具备多种误差分析方法，能够对测量过程中产生的各种误差进行全面评估。平面度分析可以通过计算测量点到拟合平面的距离偏差，评估被测平面的平整程度；圆度分析则通过分析测量点到圆心的距离变化，确定圆形物体的圆度误差。此外，软件系统还可以进行圆柱度、直线度等多种形状误差分析，以及位置误差分析，如同轴度、垂直度等。通过这些误差分析方法，能够准确找出测量误差的来源和大小，为质量控制和改进提供有力依据。

经过上述数据处理和分析后，测量结果可以被转化为各种具体的几何参数和形状误差。这些参数和误差信息以直观易懂的方式呈现给操作人员，同时软件系统能够生成详细的测量报告。报告内容不仅包括测量结果的数值，还会配有图形化的展示，如误差分布图、几何形状拟合图等，使操作人员能够更加清晰地了解被测物体的质量状况。这些详细的测量报告在工业生产中具有重要的应用价值，能够帮助质量控制人员及时发现产品质量问题，追溯问题根源，采取相应的改进措施，确保产品符合严格的质量标准。

3. 集成与扩展性

在现代制造业的数字化生产环境中，三坐标测量机的软件系统需要具备强大的集成与扩展性，以更好地满足企业日益复杂的生产需求。部分高级软件系统支持与 CAD/CAM 系统的深度集成，这一特性为产品的设计、制造和检测提供了无缝的数据流连接，极大地提高了生产效率和产品质量。

与 CAD 系统的集成，使得测量数据与设计模型能够实现直接对比与分析。在产品制造过程中，设计模型是对产品的理想几何形状和尺寸的精确描述。通过将三坐标测量机采集到的实际测量数据与 CAD 设计模型进行对比，软件系统能够快速、准确地找出两者之间的偏差。这种对比分析不仅仅是简单的尺寸差异比较，还能够深入到形状、位置等多个维度。例如，对于一个复杂的航空发动机叶片，软件系统可以通过精确的算法，将测量得到的叶片实际形状与 CAD 设计模型进行全方位比对，直观地显示出叶片表面各个部位的偏差情况。通过这种对比分析，软件系统能够为工程师提供详细的设计偏差反馈。这些反馈信息对于改进产品设计具有重要意义。工程师可以根据偏差数据，深入分析产品在制造过程中出现偏差的原因，如模具设计不合理、加工工艺不完善等，然后针对性地对设计模型进行调整和优化，从而提高产品的设计质量，确保后续生产的产品更加符合质量标准。

在与CAM系统的集成方面，软件系统能够将测量结果直接反馈到制造过程中。例如，在数控加工过程中，三坐标测量机可以对加工后的零部件进行实时测量，软件系统将测量得到的尺寸和形状信息与CAM系统中的加工参数进行关联分析。如果发现测量结果与预期的加工精度存在偏差，软件系统可以自动调整CAM系统中的加工参数，实现对加工过程的实时补偿和修正，从而提高加工精度，减少废品率，降低生产成本。此外，高级软件系统还具备良好的扩展性。它可以通过开放的接口与其他企业信息系统进行集成，如企业资源规划（ERP）系统、质量管理系统（QMS）等。这种扩展性使得三坐标测量机的测量数据能够在整个企业的生产管理流程中得到充分利用，实现数据的共享和协同工作。例如，测量数据可以直接上传到ERP系统中，为生产计划和库存管理提供准确的依据；同时，也可以与QMS集成，实现对产品质量的全面追溯和统计过程控制，进一步提升企业的整体生产效率和质量管理水平。

二、测量机的各类传感器与探头

三坐标测量机的传感器与探头种类繁多，每种传感器和探头都有其独特的工作原理、优缺点以及适用范围。根据测量方式的不同，三坐标测量机可以配备不同类型的传感器和探头，以满足不同物体的测量需求。

（一）接触式探头

接触式探头作为三坐标测量机中应用最为广泛的探头类型，在精确测量领域发挥着不可替代的关键作用。其工作原理主要基于与物体表面的物理接触，以此获取测量所需的数据，为后续的精确测量和分析提供基础。在工业测量场景中，常见的接触式探头主要分为触发式探头和扫描式探头，这两种探头各自具备独特的工作机制和应用优势。

1. 触发式探头

触发式探头在三坐标测量机的测量体系中占据重要地位，它通过巧妙的机械结构和电子信号触发机制来实现精确测量。当测针与物体表面发生接触时，由于物体表面的阻碍，测针会产生微小位移。这种微小位移看似微不足道，却能触发探头内部精密设计的触发器。触发器一旦响应，便会迅速发出信号，这个信号如同一个精准的指令，告知测量系统此时测量头所处的位置信息。

测量系统在接收到信号后，会迅速且准确地记录测量头在 X、Y、Z 轴三个方向上的坐标值，从而完成一个测量点的测量过程。这一过程看似简单，实则蕴含着高度的精确性和稳定性要求。为了确保测量的准确性，触发式探头的内部结构设计极为精巧，从测针的材质选择到触发器的灵敏度调校，每一个环节都经过精心考量和严格测试。

触发式探头具有诸多显著优点。其一，结构相对简单，这使得它在制造工艺上相对容易实现，从而有效降低了生产成本。这种成本优势使得触发式探头在众多对成本较为敏感的测量应用场景中具有广泛的应用前景。其二，尽管结构简单，但触发式探头在离散点的精确测量方面表现卓越。在工业生产中，对于许多需要精确测量尺寸和位置精度的零部件，离散点测量能够提供关键的测量数据。例如，在汽车发动机零部件的制造过程中，需要精确测量各个孔的位置、直径以及各平面之间的距离等参数，触发式探头能够凭借其高精度的离散点测量能力，为这些关键尺寸和位置的测量提供准确可靠的数据支持，确保产品质量符合严格的设计标准。其三，触发式探头的工作原理决定了它在测量过程中对环境干扰的敏感度相对较低，具有较好的稳定性。这使得它在不同的工业生产环境中都能够保持相对稳定的测量性能，无论是在较为恶劣的车间生产环境，还是在对精度要求极高的实验室环境中，都能够发挥出其应有的测量作用。

2. 扫描式探头

扫描式探头作为接触式探头中的另一种重要类型，在复杂形状物体的测量方面展现出独特的优势。它能够在测针与物体表面保持接触的过程中，实现对物体表面数据的实时、连续采集，为获取物体完整的几何形状信息提供了有利手段。

扫描式探头的工作依赖于先进的传感器技术，通常采用应变片或压电陶瓷传感器来实现信号转换。当测针沿着物体表面移动时，由于物体表面的形状变化，测针会产生微小变形。应变片传感器能够敏锐地感知这种微小变形，并将其转化为电阻值的变化，通过相应的电路将电阻变化转换为电信号输出。压电陶瓷传感器则利用压电效应，当测针发生微小变形时，压电陶瓷会产生电荷，这些电荷经过放大和处理后同样转化为电信号。这些电信号精确地反映了测针在物体表面移动过程中的位置变化和受力情况，从而实现对物体表面数据的连续采集。

扫描式探头特别适合对复杂曲面进行连续测量。在现代制造业中，许多零部件都具有复杂的曲面形状，如航空发动机叶片、汽车车身覆盖件等。对于这些复杂曲面的测量，传统的离散点测量方式往往难以全面、准确地获取其形状信息，而扫描式探头能够沿着曲面轮廓进行连续扫描，实时采集大量的测量数据，从而完整地描绘出物体的曲面形状。通过对这些连续采集的数据进行分析处理，不仅能够获取物体的基本形状信息，还能够深入分析形状误差。例如，在航空发动机叶片的制造过程中，叶片的形状精度直接影响发动机的性能和效率。扫描式探头能够精确测量叶片表面的形状误差，为制造工艺的优化提供关键数据支持，确保叶片的形状符合设计要求，从而提高发动机的整体性能。此外，扫描式探头在表面轮廓测量方面也具有独特的优势。它能够获取物体表面微观和宏观的轮廓信息，对于评估物体表面的光洁度、平整度等质量指标具有重要意义。在精密机械加工、光学元件制造等领域，表面轮廓的精确测量对于保证产品质量和性能至关重要。

（二）非接触式探头

非接触式探头通过光学、激光、超声波等原理进行物体表面的探测，广泛应用于柔软、易变形或表面复杂的物体测量。

1. 激光三角测量探头

激光三角测量探头是目前非接触式测量领域中应用最为广泛的技术之一，其工作原理基于精确的光学三角几何关系。该探头主要由激光发射器、摄像头以及相应的信号处理系统组成。在测量过程中，激光发射器向被测物体表面发射一束高能量、高聚焦性的激光束。当激光束照射到物体表面时，会发生反射现象，反射光线进入摄像头的成像系统。摄像头通过其内部的光学镜头和图像传感器，精确捕捉反射光线的成像信息。此时，系统会根据反射角度、摄像头成像位置以及已知的激光发射器与摄像头之间的几何关系等多个参数，利用三角几何原理进行精确计算。具体而言，通过测量激光束在物体表面的入射角、反射角以及摄像头所接收到的反射光线的成像位置，结合三角学中的正弦定理、余弦定理等数学方法，能够准确地计算出测量点在空间坐标系中的坐标值。

这种测量方式具有诸多显著优点，使其在工业生产和科研领域得到广泛应用。首先，由于无须与被测物体直接接触，激光三角测量探头特别适合用于测量易变形物体。例如，在汽车内饰件的生产过程中，许多零部件采用柔软的材料制成，传统的接触式测量方法可能会因施加的测量力导致物体变形，从而影响测量精度，而激光三角测量探头能够在不接触物体的情况下完成测量，有效避免了这一问题，确保测量结果的准确性。其次，对于复杂表面的物体，激光三角测量探头同样表现出色。在航空航天领域，许多零部件具有复杂的曲面形状和精细的结构，如发动机叶片、航空模型等。激光三角测量探头可以通过快速扫描物体表面，获取大量的测量点数据，从而精确地描绘出物体的复杂表面形状。此外，该探头在测量过程中不会对被测物体造成任何损害，这对于一些珍贵或易损的样品尤为重要。例如，在文物保护和修复领域，激光三角测量探头可以在不损伤文物的前提下，获取文物表面的精确数据，为文物的保护和修复提供重要依据。

激光三角测量探头凭借其高精度、非接触、适应性强等优点，在工业制造、汽车、航空航天、文物保护等众多领域发挥着重要作用，为现代测量技术的发展提供了有力支持。

2. 干涉式探头

干涉式探头作为一种基于激光干涉原理的高精度测量设备，在微观尺度的测量领域展现出卓越的性能和独特的优势。其工作原理基于光的波动性，通过对激光干涉现象的精确测量和分析，实现对物体微小形变和表面微观形态的高精度探测。

在干涉式探头中，激光光源发出一束具有高度相干性的激光束。这束激光通过分光镜被分成两束，一束作为参考光束，直接传播到探测器；另一束作为测量光束，照射到被测物体表面。当测量光束从物体表面反射回来后，与参考光束在探测器处发生干涉。由于两束光的光程不同，干涉后会形成干涉条纹。探测器会精确记录干涉条纹的变化情况。当被测物体表面发生微小形变时，测量光束的光程也会相应发生变化，从而导致干涉条纹的移动。通过对干涉条纹移动的精确测量和分析，利用光的干涉原理公式，能够计算出物体表面的微小位移或形变。这种测量方式能够达到亚微米级甚至更高的测量精度，使其成为目前测量精度最高的非接触式测量技术之一。

干涉式探头的高测量精度使其在精密光学元件的制造和检测领域具有不可替代的作用。在光学镜片、反射镜等精密光学元件的生产过程中，对其表面平整度和曲率的要求极高。干涉式探头可以精确测量光学元件表面的微小误差和形变，从而确保产品符合严格的质量标准。例如，在半导体光刻技术中，光学镜片的表面精度直接影响芯片制造的精度和良品率。干涉式探头能够对光刻晶片进行高精度检测，及时发现并修正表面缺陷，为半导体产业的发展提供关键的测量技术支持。此外，干涉式探头在微观表面形态的测量方面也具有独特的优势。在材料科学、纳米技术等领域，对材料表面微观结构的研究至关重要。干涉式探头可以通过测量表面的微小起伏和粗糙度，深入了解材料的微观特性。例如，在研究新型纳米材料的表面形貌时，干涉式探头能够提供高分辨率的表面图像和精确的测量数据，为材料性能的研究和优化提供重要依据。

干涉式探头凭借其极高的测量精度和对微小形变的敏感探测能力，在精密光学、半导体、材料科学等高精度领域发挥着关键作用，推动了相关领域的技术发展和创新。

3. 超声波探头

超声波探头作为一种利用超声波特性进行测量的非接触式探头，在三坐标测量系统中扮演着独特而重要的角色。其工作原理基于超声波在介质中的传播特性，通过发射和接收超声波信号来获取物体内部和表面的相关信息。

超声波探头主要由超声换能器、信号处理电路和外壳等部分组成。超声换能器是探头的核心部件，它能够将电信号转换为超声波信号发射出去，并在接收到反射回来的超声波信号时，将其再次转换为电信号。在测量过程中，超声换能器向被测物体发射高频超声波脉冲。当超声波遇到物体内部的缺陷、不同介质的界面或物体表面时，部分超声波会发生反射，反射波被探头接收并转换为电信号。

信号处理电路对接收到的电信号进行放大、滤波、分析等处理，通过测量超声波在物体中的传播时间、反射波的强度和相位等参数，结合超声波在不同介质中的传播速度等已知信息，能够计算出物体内部缺陷的位置、大小以及物体的厚度等信息。例如，在无损检测领域，超声波探头可以检测金属材料内部的裂纹、气孔等缺陷，为保障材料和结构的安全性提供重要依据。

在三坐标测量机中，超声波探头的应用不仅局限于物体内部缺陷和厚度的测量，还可以与其他类型的探头结合使用，实现对物体表面和内部的全面检测。例如，在汽车零部件的生产过程中，对于一些具有复杂结构和内部要求的零部件，如发动机缸体、变速箱壳体等，单纯依靠激光三角测量探头或接触式探头只能获取物体表面的信息，而超声波探头可以深入物体内部，检测内部结构的完整性和质量。通过将超声波探头与其他探头的数据进行融合和分析，可以实现对零部件从表面到内部的全方位、高精度测量，提高产品质量检测的准确性和可靠性。此外，超声波探头在一些特殊材料和环境下也具有独特的优势。例如，对于一些不透明或光学特性复杂的材料，超声波测量不受材料光学性质的影响，可以有效地获取内部信息。在高温、高压等恶劣环境下，超声波探头也能够正常工作，为工业生产和科学研究提供了可靠的测量手段。

超声波探头凭借其对物体内部信息的独特探测能力以及与其他探头的协同工作优势，在工业制造、无损检测、航空航天等众多领域发挥着重要作用，为实现物体全面、准确的测量提供了有力支持。

三、三坐标测量机的不同类型及适用范围

根据结构形式、测量精度和应用领域的不同，三坐标测量机可分为多种类型。不同类型的三坐标测量机具有不同的适用场景和精度要求，适合于不同的测量任务。

（一）按结构形式分类

1. 悬臂式三坐标测量机

悬臂式三坐标测量机以其独特的结构设计，在大型零部件或形状不规则物体的测量方面展现出显著的优势。该类型测量机的结构特点在于其测量轴系中的一轴（通常为 X 轴）采用悬臂梁结构设计。这种设计使得测量头在空间中能够较为自由地移动，从而为测量提供了较大的测量空间。

在实际应用场景中，对于像汽车发动机这类结构复杂、尺寸较大的零部件，以及飞机机翼这种形状不规则且尺寸巨大的物体，悬臂式三坐标测量机能够充分发挥其优势。它可以灵活调整测量头的位置，深入到零部件的各个部位进行测量，无须对被测物体进行过多的位置调整或复杂的装夹操作，极大提高了测量的便利性和效率。然而，悬臂结构在提供较大灵活性的同时，也存在一定的局限性。由于悬臂的刚性相对较弱，在测量过程中，特别是当测量头处于悬臂的远端时，悬臂梁容易受到测量力、自身重力以及外界振动等因素的影响而产生变形。这种变形会导致测量误差的产生，从而限制了测量精度。因此，悬臂式三坐标测量机通常适合中等精度要求的测量任务。

尽管精度有所限制，但在许多工业生产环节中，中等精度的测量结果已经能够满足实际需求。例如，在汽车发动机的生产过程中，对于一些非关键尺寸和位置精度要求相对不那么苛刻的部位，悬臂式三坐标测量机能够快速、准确地提供测量数据，为生产过程中的质量控制和工艺调整提供有力支持。

2. 龙门式三坐标测量机

龙门式三坐标测量机以其卓越的刚性和稳定性，在高精度测量领域占据着重要地位，尤其在航空航天领域的零部件测量中发挥着不可替代的作用。

从结构上看，龙门式三坐标测量机的主体框架类似龙门结构，横跨在测

量工作台上。这种结构设计使得测量机在各个方向上都具有较高的刚性。在测量过程中，测量头在龙门框架上沿着 X、Y、Z 轴方向移动，由于龙门框架的稳固支撑，能够有效减少测量过程中因外力作用而产生的变形和振动，从而确保测量的高精度。

航空航天领域对于零部件的精度要求极高，任何微小的尺寸偏差都可能对飞行器的性能和安全产生重大影响。例如，航空发动机的叶片，其形状和尺寸的精度直接关系到发动机的效率和可靠性；飞行器的结构件，其尺寸精度和位置精度对于整个飞行器的结构强度和空气动力学性能至关重要。龙门式三坐标测量机凭借其高刚性和稳定性，能够满足这些高精度测量的需求。它可以精确测量零部件的尺寸、形状误差以及位置精度，为航空航天产品的制造和质量控制提供可靠的数据支持。然而，龙门式三坐标测量机这种独特的结构设计，也展现出一些不可忽视的特性。由于其整体结构庞大，设备体积较大，需要占用较大的空间面积，这就要求使用场所具备足够的场地条件来安装和使用该设备。同时，较大的设备体积也使得其在安装和调试过程中需要更加专业的技术人员和严格的操作规范，以确保设备的精度和稳定性。

尽管存在这些局限性，但在大规模生产中，龙门式三坐标测量机的高精度优势使其成为精密检测的首选设备。在航空航天零部件的批量生产过程中，通过使用龙门式三坐标测量机对每个零部件进行高精度检测，可以及时发现生产过程中的质量问题，保证产品质量的一致性和可靠性，从而满足航空航天行业对产品质量的严格要求。

3. 桥式三坐标测量机

桥式三坐标测量机凭借其独特的结构优势，在各种尺寸和形状的零件测量领域得以广泛应用，是工业生产中不可或缺的测量设备。该类型测量机的结构特点鲜明，其测量桥架横跨在工作台上，测量头安装在桥架上，并可在桥架上沿着 X 轴方向移动，同时桥架可沿着工作台的 Y 轴方向移动，测量头还能在 Z 轴方向上进行垂直运动，从而实现三维空间的测量。这种结构设计使得桥式三坐标测量机兼具较高的刚性和较大的测量范围。

在汽车工业中，零部件的尺寸和形状各异，从发动机的各种精密零件到车身的大型结构件，都需要精确测量。桥式三坐标测量机能够凭借其较大的测量范围，适应不同尺寸零部件的测量需求。同时，其较高的刚性可以保证在测量过程中，即使面对较大尺寸和较重的零件，也能有效减少因测量力和自身重力等因素引起的变形，从而确保测量精度。例如，在汽车发动机缸体的测量中，桥式三坐标测量机可以精确测量缸孔的直径、圆柱度以及各缸孔之间的位置精度等关键参数，为发动机的制造质量提供有力保障。

在机械制造领域，同样存在着大量不同规格和形状的零件需要测量。无论是精密的齿轮、轴类零件，还是复杂的箱体、模具等，桥式三坐标测量机都能发挥其优势。对于精密齿轮，它可以精确测量齿形、齿向误差等参数，确保齿轮传动的精度和可靠性；对于复杂的模具，能够准确测量模具的型腔尺寸和形状，保证模具制造的精度，从而提高塑料制品、冲压件等产品的质量。此外，桥式三坐标测量机的通用性和稳定性使其在不同的生产环境中都能表现出色。它可以适应不同的工作温度、湿度等环境条件，并且在长时间连续工作的情况下，依然能够保持稳定的测量性能。这使得它成为汽车工业、机械制造等众多行业中进行零件测量的理想选择，为保障产品质量和提高生产效率提供了重要支持。

4. 水平臂式三坐标测量机

水平臂式三坐标测量机以其紧凑的结构设计和高效的测量性能，在小型零件的快速测量领域展现出独特的优势，广泛应用于精密模具、电子元器件等行业。该类型测量机的结构特点在于其测量轴系中的 X 轴采用水平悬臂结构，测量头安装在水平悬臂上，并可沿着 X 轴方向移动，同时测量头还能在 Y 轴和 Z 轴方向上进行运动，实现三维空间的测量。这种结构设计使得水平臂式三坐标测量机整体结构紧凑，占用空间小，适合在空间有限的生产车间或实验室中使用。

精密模具制造行业对于小型模具的尺寸精度和表面质量要求极高，水平臂式三坐标测量机凭借其结构紧凑的特点，可以方便地放置在模具加工现场附近，实现对模具的快速测量。其快速的测量速度能够满足模具制造过程中频繁测量的需求，及时反馈测量数据，帮助操作人员调整加工参数，提高模具制造的精度和效率。例如，在制造精密注塑模具时，对于模具型腔的尺寸精度要求往往在微米级别，水平臂式三坐标测量机可以快速、准确地测量型腔的尺寸和形状误差，确保模具制造质量。

在电子元器件行业，随着电子产品的不断小型化和精细化，电子元器件的尺寸越来越小，对其测量精度的要求也越来越高。水平臂式三坐标测量机的高精度测量性能和快速测量速度使其成为电子元器件测量的理想选择。例如，对于微小的芯片封装、精密的电阻电容等电子元器件，它可以精确测量其尺寸、引脚间距等参数，保证电子元器件的质量和性能符合标准要求。此外，水平臂式三坐标测量机的操作相对简便，维护成本较低。其紧凑的结构使得设备的安装和调试更加容易，操作人员可以快速上手。同时，由于结构相对简单，在日常维护和保养方面也更加方便，降低了使用成本。这些优势使得水平臂式三坐标测量机在精密模具、电子元器件等行业中得到广泛应用，为这些行业的高质量生产提供了有力的技术支持。

（二）按测量精度分类

1. 高精度型三坐标测量机

高精度型三坐标测量机代表了测量技术领域的顶尖水平，其测量精度能够达到微米级别，这一卓越的性能使其成为航空航天、国防军工等高端领域不可或缺的测量工具。

在航空航天领域，对于零部件的精度要求近乎苛刻。以航空发动机为例，其内部的涡轮叶片、燃烧室部件等，任何微小的尺寸偏差或形状误差都可能导致发动机性能下降，甚至引发安全隐患。高精度型三坐标测量机凭借其微米级的测量精度，能够精确测量这些精密零件的各项参数，如叶片的型面轮廓度、叶尖间隙等，将误差控制在极小范围内。通过精确测量，航空航天工程师可以对零件的制造工艺进行精细调整，确保每个零件都符合严格的设计要求，从而提高发动机的效率、可靠性和安全性。

在飞行器的结构件制造方面，高精度测量同样至关重要。机身框架、机翼结构等大型部件的尺寸精度和位置精度直接影响飞行器的空气动力学性能和整体结构强度。高精度型三坐标测量机能够准确测量这些部件的尺寸偏差和位置精度，为飞行器的设计优化和制造质量控制提供精确数据支持，确保飞行器在复杂的飞行环境中安全可靠地运行。

国防军工领域对高精度测量的需求同样迫切。导弹的精密制导系统、雷达的高精度天线等关键部件，都需要极高的制造精度。高精度型三坐标测量机可以对这些部件进行精确测量，保证其尺寸精度和形状精度满足军事装备的高性能要求。在武器装备的研发和生产过程中，高精度测量数据对于提高武器的命中精度、可靠性和作战效能起着决定性作用。

为实现如此高的测量精度，高精度型三坐标测量机在硬件和软件方面都采用了先进的技术。在硬件上，通常采用高精度的光栅尺、激光干涉仪等测量系统，这些测量元件具有极高的分辨率和精度，能够精确感知测量头的微小位移。同时，设备的机械结构设计也极为精密，采用高刚性、低膨胀系数的材料，减少因温度变化、机械振动等因素引起的测量误差。在软件方面，配备先进的误差补偿算法和数据处理系统，能够对测量过程中的各种误差进行实时补偿和修正，进一步提高测量精度。

2. 中精度型三坐标测量机

中精度型三坐标测量机的测量精度一般处于几十微米的范围，这一精度水平使其广泛适用于大多数工业制造领域，成为推动工业生产高效进行的重要力量。

在汽车制造行业，中精度型三坐标测量机发挥着关键作用。汽车生产涉及众多零部件的制造与装配，从发动机、变速器等核心部件到车身覆盖件、内饰件等，每个环节都对尺寸精度有一定要求。例如，发动机缸体作为发动机的关键基础部件，其缸孔的直径精度、圆柱度以及各缸孔之间的位置精度等参数，直接影响发动机的动力性能和燃油经济性。中精度型三坐标测量机能够准确测量这些参数，并将误差控制在几十微米以内，确保缸体的制造质量符合设计标准。在车身制造过程中，对于车身骨架的尺寸精度和各部件之间的装配精度要求也很高，通过中精度型三坐标测量机的测量，可以及时发现制造过程中的尺寸偏差，进而进行调整和修正，保证车身的整体质量和装配性能。

机械加工领域同样离不开中精度型三坐标测量机。在机械零件的加工过程中，如各种轴类零件、齿轮、箱体等，尺寸精度和形状精度是保证零件功能和装配性能的关键因素。中精度型三坐标测量机可以快速、准确地测量加工后的零件，检测其是否符合图纸要求。对于一些关键尺寸，几十微米的测量精度能够满足大多数机械产品的设计和使用要求，帮助企业控制产品质量，提高生产效率。同时，在机械加工工艺的优化过程中，测量机提供的准确数据可以为工艺改进提供依据，促进机械加工技术的不断进步。

与高精度型三坐标测量机相比，中精度型三坐标测量机在保证一定测量精度的前提下，具有更好的性价比和适用性。其结构设计和技术配置相对简化，降低了设备成本，同时也更容易操作和维护。这使得它能够在广大工业制造企业中得到广泛应用，满足不同规模企业的生产需求。在大规模生产线上，中精度型三坐标测量机可以快速对大量零件进行测量，实现质量控制的自动化和高效化；在中小企业的生产车间，它又能够以相对较低的成本为产品质量提供可靠保障，促进企业的可持续发展。

3. 普通精度型三坐标测量机

普通精度型三坐标测量机的测量精度相对较低，但在精度要求不高的场合却有着独特的应用价值，能够满足简单零部件测量或生产过程中快速检测的需求。

在一些基础制造业中，存在大量对精度要求相对宽松的简单零部件生产。例如，建筑五金、普通机械配件等产品，其尺寸公差范围较大，对测量精度的要求并不苛刻。普通精度型三坐标测量机的测量精度足以满足这些零部件的测量需求。以建筑用的螺母、螺栓为例，其主要功能是实现机械连接，对尺寸的精度要求相对不高，普通精度型三坐标测量机可以快速测量其直径、长度、螺距等基本尺寸参数，判断零件是否符合生产标准，确保产品质量的一致性。

在生产过程中的快速检测环节，普通精度型三坐标测量机也发挥着重要作用。在一些流水线生产作业中，需要对产品进行实时、快速检测，以保证生产过程的连续性和稳定性。普通精度型三坐标测量机凭借其相对较低的精度要求和快速的测量速度，能够在短时间内对大量产品进行初步检测，及时发现明显的尺寸偏差或形状缺陷。例如，在塑料制品的生产线上，通过普通精度型三坐标测量机对塑料外壳、管件等产品进行快速测量，可以及时发现模具磨损、注塑工艺不稳定等问题，以便及时调整生产参数，避免大量不合格产品的产生，提高生产效率和降低生产成本。

从设备本身来看，普通精度型三坐标测量机在设计和制造上注重实用性和经济性。其结构相对简单，采用较为常规的测量技术和材料，降低了设备的制造成本和维护难度。这使得它成为许多对测量精度要求不高但又需要进行基本尺寸测量和质量控制的企业的首选设备。同时，普通精度型三坐标测量机的操作相对简便，不需要专业的技术人员进行复杂的操作和维护，进一步提高了其在工业生产中的普及程度和应用范围。

（三）按应用领域分类

在机械制造、汽车工业、航空航天、电子及模具制造等行业，三坐标测量机不仅是确保产品质量的关键工具，更是推动行业技术进步和生产效率提升的重要支撑。不同的应用领域因其独特的生产需求和产品特性，对三坐标测量机的配置和类型提出了各异的要求。

1．机械制造行业

机械制造行业作为工业领域的基础产业，涵盖了各种复杂机械零部件的设计、加工与生产。在这个行业中，三坐标测量机的应用极为广泛，从精密的传动部件到大型的箱体结构，都离不开它的精确测量。

在齿轮制造方面，齿轮的各项参数精度直接影响机械传动的平稳性、噪声水平以及使用寿命。三坐标测量机能够精确测量齿轮的齿形误差、齿向误差、螺旋角偏差等关键参数。通过对这些参数的精确测量，制造企业可以及时调整加工工艺，确保齿轮的制造精度符合设计要求，从而提高整个传动系统的性能。例如，在高速列车的传动系统中，高精度的齿轮对于列车的平稳运行和高效动力传输至关重要。三坐标测量机在齿轮生产过程中的严格检测，为列车的安全稳定运行提供了坚实保障。

轴类零件的加工也是机械制造的重要环节。轴类零件的尺寸精度、圆柱度、同轴度等指标直接关系到机械设备的装配精度和运行稳定性。三坐标测量机可以对轴类零件进行全方位的测量，精确获取其各项尺寸和形状误差数据。在大型机床的主轴制造中，三坐标测量机能够实时监测加工过程中的尺寸变化，及时发现潜在的加工误差，指导操作人员进行工艺调整，确保主轴的高精度制造，进而提高机床的加工精度和可靠性。

对于箱体类零件，其结构复杂，内部含有多个孔系和平面，各部分之间的位置精度要求极高。三坐标测量机可以通过精确的测量，确定箱体上各个孔的位置精度、孔径尺寸以及平面度等参数。在发动机箱体的制造过程中，三坐标测量机能够检测各缸孔之间的中心距偏差、缸孔的圆柱度以及平面的平整度等，这些测量数据对于保证发动机的装配精度和性能稳定性起着决定性作用。

由于机械制造行业产品种类繁多、精度要求差异较大，因此在该行业中应用的三坐标测量机配置和类型也较为多样化。对于高精度要求的零部件测量，通常会选用高精度、高刚性的桥式或龙门式三坐标测量机，这类测量机配备高精度的光栅尺、激光干涉仪等测量系统，能够满足微米级精度的测量需求；而对于一些中等精度要求的常规零部件测量，悬臂式或水平臂式三坐标测量机则以其结构灵活、操作简便的特点，成为企业的常用选择，它们可以在保证一定测量精度的前提下，提高测量效率，降低设备成本。

2. 汽车工业

汽车工业是一个高度集成化和规模化的产业，对零部件的质量和精度要求极为严格。三坐标测量机在汽车工业的各个生产环节中都发挥着不可或缺的作用，从零部件的设计研发到整车的装配检测，都依赖于它提供精确的测量数据。

在汽车零部件的设计研发阶段，三坐标测量机用于对样件进行精确的三维测量和数据采集。通过对样件的扫描和测量，工程师可以获取详细的尺寸信息和形状数据，为后续的计算机辅助设计（CAD）和计算机辅助工程（CAE）分析提供准确的基础模型。例如，在汽车发动机的研发过程中，三坐标测量机可以对发动机的原型进行全面测量，帮助工程师优化发动机的结构设计，提高其性能和燃油经济性。同时，在汽车内饰件的设计中，通过对样件的精确测量，可以确保内饰件的尺寸与整车内饰空间完美匹配，提升驾乘人员的舒适性。

在汽车零部件的生产制造环节，三坐标测量机是保证产品质量的关键设备。汽车发动机作为汽车的核心部件，其内部的各种精密零件，如活塞、曲轴、气门等，对尺寸精度和形状精度要求极高。三坐标测量机可以对这些零件进行高精度测量，实时监控生产过程中的质量波动。例如，通过对活塞的直径、圆柱度、裙部轮廓等参数的精确测量，能够及时发现加工过程中的误差，调整加工工艺，保证活塞与气缸壁之间的配合精度，提高发动机的动力性能和可靠性。

在汽车车身的制造过程中，三坐标测量机用于检测车身各部件的尺寸精度和装配精度。车身的尺寸精度直接影响汽车的外观质量、空气动力学性能以及整车的安全性。三坐标测量机可以对车身骨架、车门、发动机罩等部件进行精确测量，检测其是否符合设计要求。在车身装配线上，通过对装配后的车身进行整体测量，可以及时发现各部件之间的装配偏差，调整装配工艺，确保车身的整体尺寸精度和外观质量。

为适应汽车工业大规模、高效率的生产需求，汽车生产企业通常会配备多种类型的三坐标测量机。在零部件生产车间，多采用高精度、高速度的桥式三坐标测量机，这类测量机可以在保证测量精度的同时，实现对大量零部件的快速测量，满足生产线的节拍要求。在车身装配车间，由于测量空间较大，龙门式三坐标测量机凭借其大行程、高刚性的特点，成为检测车身尺寸精度的首选设备。此外，一些小型的水平臂式或悬臂式三坐标测量机则可用于汽车内饰件、小型零部件的测量和检测，为汽车生产的各个环节提供全面的质量保障。

3. 航空航天行业

航空航天行业作为高端制造业的代表，对产品的精度和可靠性要求达到了极致。三坐标测量机在航空航天领域的应用贯穿于从零部件制造到飞行器总装的整个过程，是确保航空航天产品质量和性能的核心测量设备。

在航空发动机的制造过程中，三坐标测量机的作用尤为关键。航空发动机的零部件通常具有复杂的形状和极高的精度要求，如涡轮叶片、压气机盘等。涡轮叶片作为发动机的关键热端部件，其型面的精度直接影响发动机的效率和可靠性。三坐标测量机可以通过高精度的测量系统，对涡轮叶片的三维型面进行精确测量，检测其轮廓度、表面粗糙度等参数，误差控制在微米级别。在叶片的制造过程中，通过实时测量和反馈，能够对加工工艺进行精细调整，确保叶片的制造精度符合设计要求。同时，对于发动机中的其他精密零部件，如轴类、齿轮等，三坐标测量机也能够提供高精度的测量数据，保证发动机各部件之间的配合精度和传动性能。

在飞行器结构件的制造方面，三坐标测量机同样发挥着重要作用。飞行器的机身框架、机翼结构等大型部件对尺寸精度和位置精度要求极高，任何微小的偏差都可能影响飞行器的空气动力学性能和结构强度。三坐标测量机可以对这些大型结构件进行全面测量，检测其尺寸偏差、平面度、直线度等参数。在机翼的制造过程中，通过对机翼蒙皮、翼肋等部件的精确测量，可以确保机翼的外形符合设计要求，提高飞行器的飞行性能。同时，在飞行器的总装过程中，三坐标测量机用于检测各部件之间的装配精度，保证飞行器的整体结构完整性和可靠性。

航空航天行业对三坐标测量机的配置要求极高，通常会选用高精度、高稳定性的设备。为满足微米级甚至更高的测量精度要求，这些测量机往往配备了先进的激光干涉仪测量系统、高精度的光栅尺以及高精度的运动控制系统。同时，为适应航空航天零部件复杂的形状和多样化的测量需求，测量机还具备强大的软件功能，能够实现复杂曲面的测量、数据处理和分析。此外，由于航空航天产品的生产环境对设备的稳定性和可靠性要求严格，三坐标测量机通常需要具备良好的抗干扰力和环境适应性，以确保在各种复杂的生产条件下都能提供准确可靠的测量结果。

4. 电子行业

随着电子产品向小型化、高精度化和集成化方向发展，电子行业对零部件的尺寸精度和质量控制提出了极高的要求。三坐标测量机凭借其高精度的测量能力和灵活的测量方式，在电子行业中得到了广泛应用。

在半导体芯片制造领域，三坐标测量机用于对芯片制造过程中的各种关键尺寸进行精确测量。芯片的特征尺寸不断缩小，从早期的微米级别发展到如今的纳米级别，对测量精度的要求也越来越高。三坐标测量机可以精确测量芯片的线宽、间距、高度等参数，确保芯片制造工艺的准确性和稳定性。例如，在光刻工艺中，三坐标测量机可以实时监测光刻胶图案的尺寸精度，及时发现光刻过程中的偏差，为工艺调整提供依据，保证芯片的性能和良品率。

对于电子元器件，如电阻、电容、电感等，三坐标测量机可以测量其外形尺寸、引脚间距、高度等参数，确保元器件的质量符合标准要求。在电子元器件的自动化生产线上，三坐标测量机可以与自动化设备集成，实现对元器件的快速、批量测量，提高生产效率和质量控制水平。例如，在手机摄像头模组的生产过程中，三坐标测量机可以对摄像头的镜片、镜筒等零部件进行精确测量，保证摄像头的光学性能和装配精度。

在印刷电路板（PCB）制造行业，三坐标测量机用于检测 PCB 的尺寸精度、线路间距、焊盘位置等参数。PCB 作为电子产品的核心部件，其质量直接影响电子产品的性能和可靠性。三坐标测量机可以通过高精度的测量，发现 PCB 制造过程中的缺陷和误差，如线路短路、断路、焊盘偏移等问题，并及时进行修正和改进，从而提高 PCB 的制造质量。

由于电子行业产品尺寸小、精度要求高的特点，电子行业应用的三坐标测量机通常具有高精度、高分辨率和小型化的特点。这类测量机采用高精度的传感器技术和先进的图像处理算法，能够实现亚微米甚至更高精度的测量。同时，为适应电子生产车间紧凑的工作环境，测量机的结构设计更加紧凑，占地面积小，便于与其他生产设备集成。此外，电子行业的生产节奏快，对测量效率要求较高，因此三坐标测量机还具备快速测量和数据分析功能，能够在短时间内提供准确的测量结果，满足电子生产的高效需求。

5. 模具制造行业

模具制造行业是工业生产的重要基础，其产品质量直接影响塑料制品、冲压件等各类成型产品的质量和生产效率。三坐标测量机在模具制造过程中发挥着关键的质量控制和检测作用，帮助模具制造商确保模具的精度和性能符合设计要求。

在模具设计阶段，三坐标测量机通常被用于对产品原型进行逆向工程。通过对产品实物的三维扫描和测量，获取精确的尺寸数据和形状信息，然后利用专业的逆向工程软件生成三维模型，为模具设计提供准确的基础数据。例如，在汽车内饰件模具的设计过程中，通过对内饰件样品的测量和逆向建模，可以快速准确地获取产品的外形尺寸和曲面信息，优化模具的设计方案，提高模具的成型精度。

在模具制造过程中，三坐标测量机用于对模具的各个零部件进行精度检测。模具的型号、型腔等关键部件对尺寸精度和形状精度要求极高，任何微小的误差都可能导致成型产品的缺陷。三坐标测量机可以精确测量模具零部件的尺寸偏差、表面粗糙度、轮廓度等参数，及时发现加工过程中的误差，指导操作人员进行修正和调整。例如，在注塑模具的制造过程中，通过对型腔的精确测量，可以确保型腔的尺寸精度和表面质量，保证塑料制品的成型精度和外观质量。

在模具装配阶段，三坐标测量机用于检测模具各部件之间的装配精度。模具的装配精度直接影响模具的开合模动作、塑件的脱模效果以及模具的使用寿命。三坐标测量机可以测量模具分型面的平面度、型芯与型腔的配合间隙、顶升机构的位置精度等参数，确保模具装配符合设计要求。例如，在冲压模具的装配过程中，通过对模具各部件的测量和调整，可以保证冲压件的成型精度和质量，提高模具的冲压效率和稳定性。

模具制造行业对三坐标测量机的配置要求根据模具的类型和精度要求有所不同。对于高精度的注塑模具、压铸模具等，通常会选用高精度、高刚性的桥式或龙门式三坐标测量机，以满足微米级精度的测量需求；而对于一些精度要求相对较低的冲压模具、橡胶模具等，水平臂式或悬臂式三坐标测量机则以其结构灵活、操作简便的特点，成为模具制造商的常用选择。此外，为提高测量效率和数据处理能力，模具制造企业通常会为三坐标测量机配备专业的测量软件，以实现测量数据的快速采集、分析和处理，为模具制造过程中的质量控制提供有力支持。

第三节 三坐标测量机的性能指标与精度分析

一、测量机性能的核心指标

（一）精度——最为核心的要素

三坐标测量机作为精密测量领域的基石设备，其性能指标对于精确获取工件的几何信息起着决定性作用。在众多性能指标中，精度无疑占据着核心地位。精度是一个综合性概念，涵盖了多个关键维度，具体包括尺寸精度、形状精度和位置精度等。

尺寸精度反映了测量机测量工件实际尺寸与理论设计尺寸的契合程度。在制造业中，这一精度直接决定了对工件是否符合设计规格的精准判断。例如，在汽车发动机零部件的制造中，活塞的直径尺寸精度要求极高，哪怕微小的偏差都可能导致发动机性能下降甚至出现故障。精确的尺寸测量能够确保生产出的工件与设计蓝图高度一致，从而保障产品的质量和性能。

形状精度聚焦于测量机对工件复杂形状的精确还原能力。它主要体现在对诸如圆柱度、平面度、圆度等形状误差的测量精度上。以航空发动机叶片为例，其复杂的曲面形状对发动机的效率和性能有着关键影响。测量机准确测量叶片的形状误差，对于确保叶片的制造精度，进而保障发动机的高效运行具有决定性作用。只有精确还原工件的形状，才能保证零部件之间的配合精度，实现产品的各项功能。

位置精度涉及测量机确定工件各部分相对位置的准确程度。在装配体的测量和制造过程中，位置精度的控制尤为关键。例如，在手机主板的制造中，各个电子元件的位置精度直接影响手机的电气性能和稳定性。精确的位置测量能够确保各个元件在正确的位置上进行装配，避免因位置偏差导致的信号干扰或连接不良等问题，从而提高产品的良品率和可靠性。

（二）测量速度

在现代制造业高速发展、追求高效生产的大背景下，测量机的测量速度成为另一个重要性能指标。大规模生产线对产品检测的时效性提出了极高要求，测量机需要在保证测量精度的前提下，尽可能提高测量速度，以满足快速检测的需求。这一要求促使测量机必须配备先进的运动控制系统。该系统能够精确控制测量机各轴的运动速度和加速度，实现快速、平稳运动。例如，采用高精度的直线电机驱动技术，可有效减少运动过程中的振动和噪声，提高运动的响应速度和定位精度。同时，快速的数据采集与处理能力也是提高测量速度的关键。高效的数据采集系统能够实时获取测量数据，并通过先进的数据处理算法进行快速分析和处理，从而缩短单个工件的测量时间，提高整体测量效率。

（三）测量范围

不同行业的工件尺寸差异极为显著，小至微小的精密零部件，如钟表的游丝、电子芯片的引脚；大到大型的机械结构件，如航空航天领域的飞机机身框架、船舶制造中的大型船体构件等。为了适应如此广泛的应用场景，测量机需要具备多样化的测量范围。小型测量机通常用于精密仪器制造、电子元器件检测等领域，其测量范围可能在几十毫米到几百毫米之间，能够满足对微小尺寸工件的高精度测量需求；而大型测量机则主要应用于汽车制造、航空航天等行业，其测量范围可达数米甚至数十米，可对大型工件进行全面、精确的测量。通过提供多种测量范围的选择，测量机能够满足不同行业、不同尺寸工件的测量需求，为制造业的发展提供有力支持。

（四）稳定性

在长时间的测量过程中，测量机需要保持稳定的工作状态，以减少外界因素对测量结果的影响。外界因素中，振动是一个重要的干扰源。测量机所处的工作环境可能存在各种振动源，如附近的加工设备运行、人员走动等。这些振动会导致测量机的测量部件产生微小位移，从而影响测量精度。为了减少振动影响，测量机通常采用高精度的隔振装置，如空气弹簧隔振系统，能够有效隔离外界振动，保证测量机在振动环境中仍能稳定工作。

温度变化也是影响测量机稳定性的重要因素。温度的波动会引起工件和测量机的热膨胀或收缩，导致测量尺寸发生变化。例如，在精密机械加工车间，昼夜温差可能会对测量结果产生明显影响。为了应对这一问题，测量机通常配备高精度的温度补偿系统，能够实时监测环境温度和自身温度变化，并根据热膨胀系数对测量数据进行修正，确保测量结果的准确性和重复性。此外，湿度、气压等环境因素也可能对测量结果产生一定影响，测量机需要具备相应的环境适应性设计，以保证在不同环境条件下都能稳定工作，提供可靠的测量数据。

二、测量精度的定义与分析方法

（一）测量精度的定义

测量精度是衡量测量结果与被测量真值接近程度的重要指标，在三坐标测量领域，它具有丰富而严谨的内涵。从定义角度来看，测量精度可进一步细分为绝对精度和相对精度。

绝对精度指测量结果与真实值之间的绝对差值，它直接反映了测量系统本身的准确程度。例如，在测量一个标准长度为 100 mm 的工件时，如果测量结果为 100.05 mm，那么绝对精度就是 0.05 mm。绝对精度主要取决于测量设备的精度、测量方法的准确性以及测量环境的稳定性等因素。高精度的测量设备通常具有较小的绝对精度，能够提供更接近真实值的测量结果。

相对精度则是绝对精度与被测量真值的比值，通常以百分数表示。相对精度常用于比较不同测量对象或不同测量条件下的测量精度。例如，测量两个不同尺寸的工件，一个工件的真实尺寸为 10 mm，测量结果为 10.02 mm，绝对精度为 0.02 mm，相对精度为 0.2%；另一个工件真实尺寸为 100 mm，测量结果为 100.05 mm，绝对精度为 0.05 mm，但相对精度仅为 0.05%。通过相对精度的比较，可以更直观地了解在不同测量情况下测量精度的差异，为评估测量系统的性能提供更全面的视角。

（二）误差分析方法

在分析测量精度时，误差分析方法是一种基础且重要的手段。该方法通过对测量过程中可能产生的各种误差源进行系统识别和精确量化，来评估其对测量精度的具体影响。

测量设备本身的误差是误差源的重要组成部分。其中，测头的精度对测量结果有着直接影响。测头作为与工件直接接触获取测量数据的部件，其制造精度、校准精度以及测头的磨损情况都会导致测量误差。例如，触发式测头的触发精度可能存在一定的离散性，这会使测量结果产生偏差。此外，导轨的直线度误差也是不可忽视的因素。测量机的导轨为测量部件提供运动导向，如果导轨存在直线度误差，测量部件在运动过程中就会产生偏离，从而导致测量误差。例如，在高精度的光学镜片测量中，导轨的微小直线度误差可能会使测量出的镜片曲率出现偏差，影响镜片的质量评估。

环境因素导致的误差也是误差分析的重点内容。温度、湿度变化引起的工件和测量机的热膨胀或收缩是常见的环境误差源。不同材料的热膨胀系数不同，在温度变化时，工件和测量机的尺寸变化量也不同，这会导致测量结果出现偏差。例如，在高温环境下测量铝合金工件，由于铝合金的热膨胀系数较大，测量结果可能会比实际尺寸偏大。此外，湿度的变化可能会影响工件的表面状态和测量机的电气性能，进而对测量精度产生间接影响。例如，高湿度环境可能会导致工件表面生锈或测量机的电子元件受潮，影响测量信号的传输和处理。

操作人员因素带来的误差同样不容忽视。测量操作的不规范是常见的问题之一，如测量时测头与工件的接触力不均匀、测量速度过快等，都可能导致测量结果不准确。测点选取的不合理也会影响测量精度。在测量复杂形状的工件时，如果测点分布不均匀或未能覆盖关键部位，就无法准确获取工件的形状和尺寸信息，从而产生测量误差。例如，在测量汽车发动机缸体的内部形状时，若测点选取不当，可能会遗漏某些关键部位的尺寸偏差，导致对缸体质量的评估不准确。

（三）统计分析方法

统计分析方法是评估测量精度的重要手段之一。通过对大量测量数据的收集和整理，运用统计学原理计算测量结果的均值、标准差等统计参数，从而深入了解测量数据的分布规律和离散程度。

均值是一组测量数据的平均值，它反映了测量结果的集中趋势。通过计算均值，可以得到一个相对稳定的测量值，作为对被测量真值的估计。例如，对同一个工件进行 100 次测量，将所有测量数据相加后除以测量次数，得到的均值能够更接近工件的真实尺寸。

标准差则是衡量测量数据离散程度的重要指标。标准差越小，说明测量数据越集中，测量精度越高；反之，标准差越大，测量数据越分散，测量精度越低。例如，在对一批零件的直径进行测量时，若测量数据的标准差较小，说明各个零件的直径测量值较为接近，测量过程的稳定性较好，测量精度较高。

利用统计过程控制（SPC）技术，可以实时监测测量过程的稳定性。SPC 技术通过绘制控制图，将测量数据按照时间顺序或其他顺序进行排列，并设定控制界限。当测量数据超出控制界限或呈现异常的分布模式时，表明测量过程出现了异常波动。例如，在连续测量过程中，若某一时刻的测量数据突然偏离了正常的波动范围，超出了控制上限或下限，就需要及时查找原因，可能是测量设备出现故障、环境因素发生突变或操作人员出现失误等，然后采取相应措施进行调整，以保证测量过程的稳定性和测量精度。

（四）不确定度分析

不确定度分析是一种更为全面和严谨的测量精度分析方法。它综合考虑了测量过程中所有已知和未知的误差因素，对测量结果的可靠性进行定量描述。

不确定度分析不仅能够给出测量结果的误差范围，还能为测量结果的应用提供科学依据。在高精度测量和质量控制领域，不确定度分析具有重要的应用价值。例如，在航空航天零部件的制造过程中，对零部件尺寸的测量精度要求极高，任何微小的误差都可能影响整个系统的性能和安全。通过不确定度分析，可以评估测量结果的不确定度来源，包括测量设备的不确定度、环境因素的不确定度、测量方法的不确定度等，并将这些不确定度分量进行合成，得到测量结果的总不确定度。

在实际应用中，不确定度分析结果可以用于判断测量结果是否满足产品的设计要求。如果测量结果的不确定度范围在产品设计规定的公差范围内，那么可以认为测量结果是可靠的，产品符合质量标准；反之，如果不确定度范围超出了公差范围，则需要重新评估测量过程，采取措施减小不确定度，以确保产品质量。此外，不确定度分析还可以为测量方案的优化提供指导，通过分析不同误差因素对不确定度的贡献，有针对性地改进测量设备、测量方法或测量环境，从而提高测量精度和可靠性。

三、三坐标与人工测量数据差异的因素分析

由于三坐标测量和机械量具的测量在操作方法、评价方式及对环境、材料、清洁度等方面的要求存在差异，所以三坐标测量数据与人工测量数据会存在一定的差异，本文对产生差异的原因进行了深入分析。

（一）工件清洁度的影响

在精密测量领域，工件表面的清洁程度对测量结果的准确性有着至关重要的影响。以图 2-2 所示端盖中的轴承室为例展开深入研究，该轴承室为直径 80 mm、深度 20 mm 的标准圆柱体结构，选用的材料为 HT150 灰铸铁。HT150 作为一种常用的工程材料，具有一定的机械性能和加工特性，其表面微观结构和物理性质会因各种因素而有所不同，这使得对其进行测量时，工件表面清洁度成为不可忽视的关键因素。为了全面且准确地探究清洁度对测量结果的影响，我们将端盖的清洁状态细致地划分为以下三种情况进行研究。

1. 普通清洁

在送样之前，采用吹灰枪对端盖进行清洁处理。吹灰枪利用高速气流产生的冲击力，能够有效地去除工件表面较大的灰尘颗粒。从物理原理角度来看，高速气流在与灰尘颗粒接触时，会给予颗粒足够的动量，使其克服与工件表面的附着力，从而被气流携带离开工件表面。然而，这种清洁方式存在一定的局限性。由于微小杂质和油污的尺寸极小且具有较强的附着力，部分微小杂质可能会附着在工件表面的微观沟壑或孔隙之中，而油污则可能以分子级别的形式吸附在工件表面，吹灰枪产生的气流无法提供足够的能量来克

服这些微小杂质和油污与工件表面之间的相互作用力，因此难以对其进行有效清除。这些残留的微小杂质和油污可能会改变工件表面的微观几何形状，进而在测量过程中干扰测头与工件表面的准确接触，影响测量数据的准确性。

图 2-2 端盖

2. 简单清洗

端盖清洗剂通常是专门针对端盖材料和常见污染物设计的化学制剂，其主要成分包含具有乳化、分散和去污能力的表面活性剂等化学物质。在清洗过程中，清洗剂中氟表面活性剂分子能够降低油污与工件表面之间的表面张力，使油污逐渐被乳化并分散在清洗液中，从而达到去除表面油污的目的。同时，清洗剂对部分微小杂质也具有一定的溶解或分散作用，能够在一定程度上清除这些杂质。然而，尽管这种方法在去除油污和部分微小杂质方面具有一定效果，但对于一些深入缝隙或附着紧密的杂质，其清洁能力仍然有限。由于端盖的结构特点，轴承室等部位存在一些狭窄的缝隙和角落，清洗剂在这些区域的流动性受到限制，难以充分渗透并将其中的杂质完全清除。此外，部分杂质可能与工件表面发生了化学反应，形成了较为牢固的结合，简单的清洗过程无法破坏这种结合力，导致这些杂质仍然残留在工件表面，对后续的测量结果产生潜在影响。

3. 整体深度清洗

煤油作为一种有机溶剂，具有良好的溶解性和渗透性。在清洗过程中，煤油能够迅速渗透到工件表面的微小孔隙和缝隙中，将其中的杂质和油污溶解或稀释，使其更容易被清除。同时，煤油的挥发性较好，在清洗后能够较快挥发，不会在工件表面留下过多的残留物质。在煤油清洗之后，使用无纺布对轴承室进行仔细擦拭。无纺布具有柔软、细腻的质地和良好的吸附性能，能够有效地吸附工件表面残留的杂质、油污以及煤油清洗后悬浮在表面的微小颗粒。通过这种深度清洗方式，能够较为彻底地清除工件表面的杂质、油污和氧化层等，使工件表面达到较高的清洁度。经过深度清洗后，工件表面的微观几何形状更加接近其真实状态，减少了因表面污染物导致的测量误差，为后续的精确测量提供了更为可靠的基础。通过对不同清洁状态下端盖轴承室的测量研究，可以清晰地认识到工件表面清洁度对测量结果有着显著影响。这一研究结果对于实际测量工作具有重要的指导意义，强调了在进行精密测量前确保工件表面清洁的必要性，为提高测量精度提供了关键的前期保障。

采用三坐标设备检测不同清洁状态下的轴承室尺寸数据，结果见表 2-1。由表 2-1 可知，采用三坐标检测得到的不同清洁状态下的工件尺寸数据差异较大，同时形状（圆柱度）和位置（圆柱跳动）的变化也很明显。这是因为三坐标测量系统通过精确的传感器和复杂的算法来获取工件表面的几何信息，即使是微小的杂质附着在工件表面，也可能导致测头采集到的数据出现偏差，从而影响最终的测量结果。

表 2-1 同一零件在不同清洁状态下的三坐标测量数据

测量项目	清洁状态		
	普通清洁	简单清洗	整体深度清洗
轴承室柱体尺寸/mm	79.9641	79.9881	79.9999
轴承室外圆尺寸/mm	79.9772	79.9932	79.9980
轴承室内圆尺寸/mm	79.9700	79.9795	80.0034
轴承室圆柱度	0.0629	0.0557	0.0115

续表

测量项目	清洁状态		
	普通清洁	简单清洗	整体深度清洗
轴承室圆柱跳动	0.0815	0.0640	0.0170
止口圆尺寸/mm	225.0154	225.0114	225.0096
平面跳动	0.1280	0.1872	0.0995
轴孔圆尺寸/mm	40.1624	40.1616	40.1656
平面至轴承室底平面尺寸/mm	20.0327	20.347	20.0353

表 2-2 为在不同清洁状态下，人工测量的尺寸数据。由表 2-2 可知，使用杠杆千分表手工测量得到的尺寸数据差异不大。差异主要是在测量过程中，圆形测头挤压力较大，测头的上下移动挤压作用会排出附着在工件表面的微小颗粒所致。人工测量时，操作人员通过手感和经验来判断测量位置和数据读取，相对而言对表面微小杂质的敏感度较低，所以在不同清洁状态下测量数据变化较小。

表 2-2　同一零件在不同清洁状态下的人工测量数据对比

测量方式	清洁程度	轴承室柱体/mm	轴承室外圆/mm	轴承室内径/mm	轴承室圆柱度/mm	轴承室圆柱跳动/mm
杠杆千分表手工测量	普通清洁	/	80.003	/	0.012	/
	简单清洗	/	80.005	/	0.011	/
	整体深度清洗	/	80.005	/	0.011	/

（二）工件材质和检测力的影响

硬度是衡量材料软硬程度的一个重要技术指标，是抵抗其他物体压入其表面的能力，即金属表面抵抗变形和破坏的能力。不同材质的工件在测量过程中对检测力的响应不同，这会导致三坐标测量和人工测量数据产生差异。

为了能更好地了解两种测量方式检测数据的差异，选用材料为 HT150（布氏硬度 HB100-220）的工件进行对比。

当使用三坐标设备检测 HT150 材质的工件时，测针的针头与工件接触时的检测力只有 0.2 g，即测针针头与工件接触后设备软件就立刻读取测点的数值并记录储存，同时测针回退。如此微小的检测力对被检测工件的尺寸误差可以忽略不计。这是因为三坐标测量系统采用高精度的传感器和先进的测量技术，能够在极小的检测力下准确获取工件表面的坐标信息。但是，当使用杠杆千分表手工测量时，杠杆内的压簧对杠杆头有一个压紧力，迫使测量时可以找到内圆的最大点。通过压迫测试，这个压紧力约 50 g（不同的量具、量具的新旧程度和操作手法的不同均会影响量具的压紧力）。50 g 的压紧力通过两点作用在 HT150 材质的工件上时，由于 HT150 材质相对较软，会导致工件表面产生一定的变形，对应尺寸的变化大约在 0.002～0.006 mm 之间。由此得出，同一环境下，材料为 HT150 的工件的三坐标测量数据比人工测量的数据小 0.002～0.006 mm。

钢或硬质合金等抵抗变形和破坏能力较好的材料，由于其硬度较高，在受到类似的测量压紧力时，材料表面变形极小，测量数据误差在 0.002 mm 以内，对测量结果基本没有显著影响。这表明工件材质的硬度特性在测量过程中起着关键作用，不同材质需要根据其特性选择合适的测量方法和设备，以确保测量结果的准确性。

（三）环境温度的影响

热膨胀系数是衡量物体在温度变化时其长度、面积、体积等物理尺寸变化程度的物理量。当温度升高时，物体的分子会加速运动，导致物体扩张变大，即膨胀；相反，当温度下降时，物体的分子运动减缓，导致物体收缩变小，即收缩。不同材料具有不同的热膨胀系数，金属材料的热膨胀系数通常较大。

在测量过程中，环境温度的变化对测量结果有着不可忽视的影响。恒温时，工件内部结构处于稳定的状态，使用三坐标测量机就会得到一个重复性很好且稳定的数据。这是因为三坐标测量机通常配备有高精度的温度补偿系统，能够实时监测环境温度并对测量结果进行相应的修正，从而最大程度减小温度变化对测量精度的影响。而人工测量时环境温度一直在变化，工件内部结构处于不稳定的状态。操作人员在测量过程中难以实时对温度变化进行精确补偿，导致测量数据的重复性欠佳。例如，在温度逐渐升高的环境中进行人工测量，随着工件的热膨胀，不同时刻测量得到的数据可能会出现较大波动。因此，三坐标测量和人工测量往往会因为环境温度因素的影响而存在误差。为了提高测量的准确性，无论是三坐标测量还是人工测量，都需要尽量控制测量环境的温度稳定性，或者在测量过程中充分考虑温度对测量结果的影响并进行相应的修正。

（四）精度的影响

杠杆千分尺的精度取决于刻度的间距和游标的移动精度。通常情况下，刻度间距越小，游标的移动精度越高，杠杆千分尺的精度也就越高。此外，使用杠杆千分尺时，操作人员的技术水平和仪器的使用方法也会对测量结果的精度产生重要影响。例如，操作人员在测量时是否能够正确将测头与工件表面垂直接触，以及读数时是否准确无误，都会直接影响测量结果的准确性。因此，在进行高精度测量时，要确保操作人员具备一定的技术水平，并且严格按照使用说明进行操作。在使用杠杆千分尺进行测量时，需要注意保持仪器的清洁，并保证仪器没有卡滞或损坏，以确保测量结果的准确性。仪器的清洁可以防止杂质进入测量机构，影响测量精度；而及时检查和维护仪器，避免卡滞或损坏，能够保证测量过程的顺利进行和测量数据的可靠性。

三坐标检测的精度取决于测量设备的精度、物体表面的状态以及操作人员的技术水平。通常情况下，三坐标检测的精度可以达到微米级或亚微米级。三坐标测量机采用高精度的传感器、先进的运动控制系统和精确的算法，能够实现对工件表面几何信息的高精度测量。相对而言，三坐标测量由于设备固有的精确优势，可以更好地控制影响测量结果的各项因素，并可以通过针对性的措施，如温度补偿、测头校准等，减小测量误差，从而降低三坐标测量数据的波动性，有效提高三坐标测量数据的可靠性。在高精度测量和质量控制要求严格的领域，三坐标测量机的高精度优势得到了充分发挥。

三坐标测量设备由于精度高且测量数据可靠，被广泛应用在精密制造业中。针对三坐标测量数据与加工现场的杠杆量表测量数据不一致的问题，通过验证得出，工件的清洁度、工件材质、设备与量具精度的差异以及环境温度等因素是导致三坐标测量机人工测量数据误差的主要原因。该结论对实际测量工作具有重要的指导性意义。在实际测量过程中，操作人员应充分考虑这些因素的影响，采取相应的措施来提高测量的准确性。例如，在测量前确保工件表面达到合适的清洁度，根据工件材质选择合适的测量设备和方法，严格控制测量环境的温度稳定性，并不断提高自身的操作技能和测量水平。通过这些措施，可以有效减小三坐标测量与人工测量之间的数据差异，为产品质量控制和生产制造提供更加可靠的测量数据支持。

第三章　三坐标测量机的测量方法与技术

第一节　基本测量方法

一、触摸式测量方法

触摸式测量方法是三坐标测量机中最常见且基础的测量方法之一。它依赖于物理探针与被测物体表面的接触，通过机械触发获取物体表面的几何坐标。

（一）工作原理

触摸式测量方法的核心在于通过物理探针与被测物体表面进行直接接触，以此来精确获取物体表面的几何坐标信息。在三坐标测量机系统中，触摸式测量依靠安装在测量头上的触针探头来完成与被测物体的交互。

触针探头作为整个测量过程的关键部件，其设计和性能直接影响测量的精度和可靠性。当触针与物体表面接触时，由于物体表面的几何形状差异，触针会产生微小的位移。这种微小位移通过传感器进行精确感知，并转化为电信号。传感器作为将物理量转化为电信号的关键环节，其精度和灵敏度决定了对触针位移的感知能力。例如，常见的应变式传感器通过检测触针在受力产生位移时所引起的应变变化，将其转化为电信号输出。

测量系统接收到传感器传来的电信号后，会对其进行精确处理和分析，从而记录下此时探头在 X、Y、Z 三个方向上的坐标位置。在实际测量过程中，触摸式探头会按照预先设定的测量路径和策略，依次触碰被测物体的多个测量点。这些测量点的选取并非随意为之，而是根据物体的形状特征、测量目的以及精度要求等多方面因素进行精心规划。例如，对于一个复杂的机械零件，为了准确获取其轮廓和尺寸信息，测量点可能会分布在零件的关键轮廓线、特征表面以及尺寸标注的关键位置上。通过获取这些离散测量点在三维空间中的精确位置坐标，测量系统能够构建出物体表面的几何模型，进而实现对物体形状、尺寸和位置精度的精确测量。

（二）优缺点

触摸式测量方法具有一系列显著的优点，使其在众多测量场景中得到广泛应用。相较于一些复杂的非接触式测量技术，触摸式测量系统的组成部件相对较少，主要包括测量头、触针探头、传感器以及基本的机械传动和控制系统。这种简单的结构设计不仅降低了系统的复杂性，还提高了系统的稳定性和可靠性。由于部件数量少，出现故障的概率相对较低，维护和维修也更为方便。

成本较低也是触摸式测量方法的一大优势。与一些高端的非接触式测量设备相比，触摸式测量机在硬件设备的采购成本、后续的维护成本以及使用过程中的耗材成本等方面都具有明显的优势。这使得中小企业在预算有限的情况下，也能够选择触摸式测量方法来满足其生产过程中的测量需求，从而提高产品质量和生产效率。

高精度是触摸式测量方法的核心竞争力之一。由于触针与物体表面直接接触，能够精确获取物体表面的实际位置信息，避免了因光线、反射等因素对测量结果的干扰。在理想的测量环境下，触摸式测量可以达到非常高的精度，能够满足许多对尺寸精度要求苛刻的工业应用需求。例如，在航空航天领域，对于一些关键零部件的尺寸测量精度要求极高，触摸式测量方法凭借其高精度的特点，能够为零部件的制造和质量控制提供可靠的数据支持。然而，触摸式测量方法也存在一些局限性。由于其测量方式依赖于物理接触，在测量过程中，触针与被测物体表面之间会产生一定的接触力。对于柔软、脆弱的物体表面，这种接触力可能会导致物体表面产生划痕、变形等损伤，从而影响物体的外观和性能。例如，在测量一些高精度的光学镜片、塑料制品以及具有特殊表面涂层的材料时，触摸式测量可能会对其表面造成不可修复的损伤，因此不适用于此类材料和表面特征的测量。此外，触摸式测量的速度相对较慢，尤其是在需要测量大量数据点的情况下，由于需要依次触碰每个测量点，测量时间会显著增加，这在一定程度上限制了其在一些对测量速度要求较高的生产线上的应用。

（三）适用场景

触摸式测量方法凭借其独特的优势，在众多工业领域中得到了广泛的应用，尤其在尺寸精度要求较高的零件测量方面发挥着重要作用。

在机械制造行业，大多数金属部件的生产过程对尺寸和位置精度的要求都极为严格。例如，汽车发动机的缸体、曲轴、齿轮等关键零部件，其尺寸精度直接影响发动机的性能和可靠性。触摸式测量方法能够精确测量这些零部件的尺寸、形状误差以及各部分之间的位置精度，确保生产出的零件符合设计要求。通过对测量数据的分析，生产厂家可以及时调整加工工艺，提高产品质量，降低废品率。

塑料部件在现代工业中的应用也日益广泛，如电子产品的外壳、汽车内饰件等。这些塑料部件在成型过程中可能会出现尺寸偏差和形状变形等问题。触摸式测量方法可以对塑料部件进行精确测量，检测其尺寸精度和形状误差，为塑料模具的设计和制造提供准确的数据支持，同时也有助于在生产过程中对产品质量进行实时监控和控制。

航空航天领域中，零部件的精度要求达到了极高的水平。从飞机发动机的叶片、涡轮盘到飞行器的结构件，任何微小的尺寸偏差都可能对飞行安全和性能产生重大影响。触摸式测量方法以其高精度的特点，成为航空航天零部件制造过程中不可或缺的测量手段。通过对零部件的精确测量和质量控制，确保了航空航天产品的可靠性和安全性。此外，在模具制造、精密仪器制造等行业，触摸式测量方法同样发挥着重要作用。模具制造过程中，对模具型腔的尺寸精度和表面质量要求严格，触摸式测量可以为模具的加工和检测提供精确的数据，保证模具的制造精度；在精密仪器制造领域，如光学仪器、医疗器械等，触摸式测量能够满足对微小尺寸、高精度零部件的测量需求，为产品的研发和生产提供可靠的技术支持。

二、光学测量方法

光学测量方法依托光学原理，对被测物体表面进行视觉感知并获取其三维坐标。这种方法不需要与物体表面接触，因此被广泛应用于柔软、易变形或脆性物体的测量。

（一）工作原理

光学测量方法的工作过程涉及多个复杂且精密的环节，主要依赖于高分辨率相机、照明装置以及先进的图像处理系统协同工作，以实现对被测物体三维几何信息的精确获取。

高分辨率相机是光学测量系统中的核心部件之一，其具备高像素、高帧率以及良好的色彩还原能力，能够捕捉到被测物体表面丰富的细节信息。不同类型的相机根据测量需求进行选择，例如，电荷耦合器件（CCD）相机具有高灵敏度和低噪声的特点，常用于对精度要求极高的测量场景；互补金属氧化物半导体（CMOS）相机则以其高速数据传输和较低的功耗，在需要快速获取图像的场合表现出色。

照明装置在光学测量中起着至关重要的作用，它为相机提供合适的光照条件，确保物体表面能够清晰成像。照明方式多种多样，包括直射光、斜射光、漫反射光等，不同的照明方式适用于不同表面特性的物体。例如，对于表面光滑的物体，漫反射光可以有效减少反光和阴影，提高图像的质量；而对于表面纹理复杂的物体，适当的斜射光能够突出表面特征，便于后续的图像处理和分析。

图像处理系统是光学测量方法的“大脑”，它运用计算机视觉技术和一系列复杂的图像处理算法，对相机采集到的物体表面图像进行深入分析和处理。计算机视觉技术基于数学模型和算法，模拟人类视觉系统的功能，能够识别图像中的物体、提取其特征，并理解其空间关系。图像处理算法则用于对图像进行预处理，包括去噪、增强、边缘检测、特征提取等操作，以提高图像的质量和清晰度，为后续的三维几何信息计算提供准确的数据基础。

常见的光学测量方法包括投影光学方法、结构光方法和立体视觉法等。投影光学方法通过向被测物体表面投射特定的光线图案，如条纹、网格等，相机从不同角度拍摄物体表面反射的光线图案。由于物体表面的高度变化会导致光线图案的变形，通过分析这些变形信息，利用三角测量原理，就可以计算出物体表面各点的三维坐标。

结构光方法是在投影光学方法的基础上进一步发展而来，其工作原理是向物体表面投射具有特定结构的光，如正弦条纹、格雷姆条纹等，这些结构光图案携带了丰富的信息，相机负责采集物体表面反射回来的结构光图案，紧接着，解码算法分析图案的变化，从而获取物体表面的高度信息和三维坐标。结构光方法具有测量精度高、速度快等优点，广泛应用于工业检测、逆向工程等领域。

立体视觉法则是模仿人类双眼视觉的原理，使用两个或多个相机从不同角度同时拍摄被测物体。通过对不同相机拍摄的图像进行匹配和分析，找到图像中对应点的视差信息，再利用三角测量原理计算出物体表面各点的三维坐标。立体视觉法不需要额外的投影设备，具有设备简单、灵活性强等优点，适用于对大型物体或复杂场景的测量。

（二）优缺点

光学测量方法具有诸多显著优势，在现代测量领域中占据重要地位。首先，非接触性是其最为突出的特点之一。与传统的接触式测量方法不同，光学测量无须物理探针与物体表面接触，避免了因接触力而对被测物体表面造成的损伤，这使得它特别适用于测量表面复杂、柔软、敏感或易损伤的物体。例如，在精密光学元件的制造过程中，其表面的微小划痕或变形都可能影响光学性能，光学测量方法能够在不接触元件表面的情况下，精确测量其形状和尺寸，确保产品质量。对于电子元器件，尤其是那些具有精细结构和敏感表面的芯片、电路板等，光学测量同样能够提供无损的测量解决方案。其次，光学测量速度较快，能够在短时间内获取大量的测量数据。这得益于高分辨率相机的高速拍摄能力和先进的图像处理算法。在工业生产线上，对于需要快速检测大量产品的场景，光学测量方法可以在瞬间完成对物体表面的扫描和测量，大大提高了生产效率。例如，在汽车零部件的生产过程中，利用光学测量系统可以快速检测零部件的尺寸精度和表面缺陷，及时发现问题并进行调整，保证产品质量的同时提高生产效率。然而，光学测量方法也存在一些局限性。对于表面反射光不均的物体，由于不同区域反射的光线强度差异较大，可能导致相机采集到的图像出现亮度不均、阴影等问题，从而影响图像处理和特征提取的准确性，进而降低测量精度。例如，一些表面粗糙且颜色不均匀的物体，在光线照射下会产生复杂的反射现象，使得光学测量系统难以准确获取其表面信息。

对于材质较透明的物体，光学测量同样面临挑战。透明物体对光线的折射和透射特性会使光线在物体内部发生复杂的传播和散射，导致相机采集到的图像信息混乱，难以准确分析物体表面的几何信息。在测量玻璃制品、透明塑料等物体时，需要采取特殊的处理方法，如在物体表面涂抹特殊的涂层或采用特殊的照明方式以提高测量精度，但这些方法往往会增加测量的复杂性和成本。

（三）适用场景

光学测量方法凭借其独特的优势，在众多领域得到了广泛应用，尤其在对测量精度、无损检测和快速测量有较高要求的行业中发挥着不可替代的作用。

在精密电子制造领域，随着电子产品不断向小型化、高精度化发展，对零部件的尺寸精度和表面质量要求越来越高。光学测量方法能够满足芯片、电路板、手机摄像头等微小零部件的尺寸、形状和位置精度测量的严格要求。通过精确测量，可以确保零部件的制造质量，提高电子产品的性能和可靠性。例如，在芯片制造过程中，光学测量系统可以对芯片表面的电路图案进行高精度测量，检测图案的尺寸偏差和缺陷，为芯片制造工艺的优化提供重要依据。

玻璃和陶瓷制品行业也是光学测量方法的重要应用领域。玻璃制品如平板玻璃、光学镜片等，对表面平整度和曲率精度要求极高。光学测量方法可以通过非接触式测量，精确获取玻璃表面的形状信息，检测表面的划痕、气泡等缺陷，保证产品质量。对于陶瓷制品，尤其是精密陶瓷零部件，光学测量能够测量其复杂的形状和尺寸，为陶瓷制品的生产和质量控制提供有力支持。

在汽车零部件制造中，光学测量方法广泛应用于汽车发动机、变速箱、车身等关键零部件的测量和检测。通过对零部件的三维尺寸测量和表面缺陷检测，可以及时发现制造过程中的问题，提高产品质量和生产效率。例如，在汽车发动机缸体的生产过程中，光学测量系统可以快速、准确地测量缸体的内径、缸壁厚度等关键尺寸，检测缸体表面的裂纹、砂眼等缺陷，确保发动机的性能和可靠性。此外，光学测量方法在柔性材料和微型结构的测量中具有独特的优势。柔性材料如橡胶、塑料薄膜等，由于其易变形的特性，传统测量方法难以准确测量其形状和尺寸。光学测量的非接触性和快速测量能力使其能够很好地适应柔性材料的测量需求。对于微型结构，如微机电系统（MEMS）器件、生物芯片等，光学测量可以利用高分辨率相机和先进的图像处理算法，精确测量其微小尺寸和复杂结构，为微型结构的研发和制造提供重要的测量手段。

三、激光与扫描测量技术

激光测量技术是一种通过激光束与被测物体表面交互来实现精确测量的方法。该技术通常结合扫描技术，能有效地扫描物体表面并实时获取三维坐标数据。

（一）工作原理

激光测量技术的工作原理基于先进的光学和几何测量理论，涉及激光发射、反射、接收以及数据处理等多个环节，各环节紧密配合，以实现对物体表面信息的精确捕捉。

激光测量系统通过高精度的激光发射器发射出一束高能量、高聚焦性的激光束（激光发射示意图如图 3-1），这束激光以极快的速度射向被测物体表面，在物体表面发生反射。激光束的特性，如波长、频率等，经过精心选择，可以适应不同的测量需求和物体表面特性。

图 3-1　激光发射示意图

激光束在物体表面反射后，被测量头内的接收器捕获（激光反射与接收示意图如图 3-2）。接收器通常采用高灵敏度的光电探测器，能够精确地检测到反射激光的强度、相位等信息。根据激光发射角度、接收角度以及其他已知的几何参数，利用三角测量原理，可以精确计算出物体表面与测量设备之间的距离。具体而言，三角测量原理是基于一个简单的几何关系。假设激光发射器、接收器和被测物体表面上的一点构成一个三角形，已知激光发射角度和接收角度，以及激光发射器与接收器之间的距离（基线距离），通过三角函数关系就可以计算出物体表面该点到测量设备的距离。这种基于三角测量的方法具有很高的精度，能够准确测量物体表面的微小变化。为了获取物体完整的表面信息，激光测量技术通常结合高精度扫描系统。扫描系统可以使激光束按照预定的路径在物体表面进行快速、连续的扫描。通过不断改变激光束的扫描位置和角度对物体表面的各个区域进行测量，从而获得连续的表面数据。这些数据经过计算机处理和分析，利用专门的三维建模算法，最终生成物体的三维模型。

图 3-2　激光反射与接收示意图

在整个工作过程中，激光测量系统的精度受到多种因素的影响，包括激光的稳定性、光学元件的精度、扫描系统的分辨率以及环境因素等。为了提高测量精度，现代激光测量设备采用了一系列先进的技术，如高精度的激光稳频技术、高分辨率的光学编码器以及环境补偿算法等，以确保在各种复杂环境下都能获得准确可靠的测量结果。

（二）优缺点

1. 优点

（1）高精度

激光的高度聚焦特性使得其能够精确地测量物体表面的微小变化。在理想条件下，激光测量技术可以达到亚毫米甚至更高的精度，这使得它在对精度要求极高的领域，如航空航天零部件制造、精密模具加工等，具有无可替代的优势。例如，在航空发动机叶片的制造过程中，激光测量技术可以精确测量叶片的曲面形状和尺寸精度，确保叶片的空气动力学性能符合设计要求。

（2）快速测量

结合先进的扫描技术，激光测量系统能够在短时间内对物体表面进行快速扫描，获取大量的测量数据。相比传统的测量方法，激光测量技术大大提高了测量效率，能够满足大规模生产和快速检测的需求。例如，在汽车车身的检测过程中，激光测量系统可以在几分钟内完成对整个车身的三维扫描，快速检测出车身的尺寸偏差和表面缺陷。

（3）非接触式测量

激光测量技术无须与被测物体表面进行物理接触，避免了因接触力而对物体表面造成的损伤。这使得它特别适合测量柔软、易变形、敏感或具有高精度要求的物体，如文物、电子元器件、生物样本等。例如，在文物保护领域，激光测量技术可以在不损伤文物的前提下，精确获取文物的三维形状和尺寸信息，为文物的修复和保护提供重要依据。

（4）适合大范围测量和复杂曲面测量

激光测量技术可以通过调整扫描范围和测量距离，实现对大范围物体的测量。同时，对于复杂曲面的物体，激光束能够灵活地适应曲面的变化，精确测量曲面的形状和尺寸。例如，在大型船舶的制造过程中，激光测量技术可以对船体的复杂曲面进行精确测量，确保船体的建造精度。

2. 缺点

（1）对透明物体测量困难

对于透明物体，激光束会透过物体而不发生明显的反射，导致接收器难以捕获到足够的反射光信号，从而无法准确测量物体的表面信息。例如，在测量玻璃制品时，需要采取特殊的处理方法，如在玻璃表面涂抹特殊的涂层或采用特殊的照明方式，才能进行有效的测量，但这些方法往往会增加测量的复杂性和成本。

（2）对反射性较强的物体测量精度下降

当被测物体表面具有较强的反射性时，激光束在物体表面会发生镜面反射，使得反射光大部分集中在一个特定的方向，导致接收器接收到的反射光强度不稳定，从而影响测量精度。在测量高光泽度的金属表面时，这种现象尤为明显，需要采取特殊的措施来解决，如调整激光的入射角、采用漫反射板等。

(3) 对具有较大表面缺陷的物体测量困难

如果被测物体表面存在较大的缺陷，如孔洞、裂缝等，激光束在这些区域可能无法正常反射，或者反射光信号会受到严重干扰，导致测量数据不准确或缺失。在测量具有复杂表面缺陷的物体时，需要对测量数据进行额外的处理和分析，以获得可靠的测量结果。

（三）适用场景

激光与扫描测量技术凭借其独特的优势，在众多领域得到了广泛的应用，为各行业的发展提供了重要的技术支持。

1. 汽车制造

在汽车制造过程中，激光与扫描测量技术发挥着至关重要的作用。从汽车零部件的生产到整车的装配和检测，该技术贯穿了整个汽车制造产业链。在零部件制造方面，激光测量技术可以用于精确测量发动机缸体、曲轴、变速箱齿轮等关键零部件的尺寸精度和形状误差，确保零部件的质量符合设计要求。在整车装配过程中，激光扫描测量系统可以实时监测车身各部件的装配位置和精度，及时发现装配偏差并进行调整，提高整车的装配质量。此外，激光测量技术还可以用于汽车外观的检测，快速检测出车身表面的划痕、凹陷等缺陷，保证汽车的外观质量。

2. 航空航天

航空航天领域对零部件的精度和质量要求极高，激光与扫描测量技术正好满足了这一需求。在航空发动机叶片、涡轮盘、飞机机身结构件等零部件的制造过程中，激光测量技术可以精确测量零部件的复杂曲面形状和尺寸精度，确保零部件的空气动力学性能和机械性能符合设计要求。在飞机的装配过程中，激光扫描测量系统可以实时监测飞机各部件的装配位置和精度，保证飞机的整体性能和安全性。此外，激光测量技术还可以用于航空航天材料的无损检测，检测材料内部的缺陷和损伤，为航空航天产品的质量控制提供重要保障。

3. 模具加工

模具加工行业对模具的精度和表面质量要求非常高，激光与扫描测量技术为模具加工提供了高效、精确的测量解决方案。在模具制造过程中，激光测量技术可以用于测量模具的型腔尺寸、型芯形状以及模具表面的粗糙度等参数，确保模具的加工精度符合设计要求。在模具的修复和维护过程中，激光扫描测量系统可以快速获取模具表面的磨损情况和缺陷信息，为模具的修复提供准确的数据支持。

4. 精密工程

在精密工程领域，如光学镜片制造、微电子制造等，激光与扫描测量技术同样发挥着重要作用。在光学镜片制造过程中，激光测量技术可以精确测量镜片的曲率半径、厚度、表面平整度等参数，确保镜片的光学性能符合要求。在微电子制造过程中，激光测量技术可以用于测量芯片的尺寸、间距以及芯片表面的平整度等参数，为芯片的制造和封装提供高精度的测量支持。

第二节　高级测量方法

一、复合测量技术的应用

（一）光学与机械测量的结合

光学测量与机械测量各自具备独特的优势与局限性，将二者有机结合能够实现优势互补，为复杂测量任务提供更有效的解决方案。

1. 光学测量与机械测量的特性分析

光学测量的特性：光学测量技术基于光学原理，如激光干涉、结构光投影等，具备高精度、非接触以及能够快速获取物体表面信息的显著优点。在微观尺度下，利用光学显微镜结合干涉测量技术，能够实现亚微米级别的测量精度，对于微小零部件的表面形貌测量极为有效。同时，非接触式的测量方式避免了对被测物体表面的损伤，适用于各类材质和形状的物体。而且，通过高速摄像机和先进的图像处理算法，能够在短时间内获取大量的物体表面数据，实现快速测量。然而，光学测量在面对一些大尺寸物体时，由于测量范围的限制，往往需要多次测量拼接，这不仅增加了测量的复杂性，还可能引入误差。对于物体内部结构的精确测量，光学测量技术也存在一定的局限性，如难以穿透不透明物体获取内部信息。

机械测量的特性：以三坐标测量机为代表的机械测量方法，凭借其高精度的导轨系统和测量探头，能够对物体进行精确的定位和尺寸测量，具有较高的精度和稳定性。在工业生产中，三坐标测量机常用于精密零部件的尺寸测量，其测量精度可达±0.005 mm甚至更高。此外，它能够在三维空间内对物体进行精确的坐标定位，对于复杂形状物体的尺寸测量具有一定的优势。然而，机械测量方法的测量速度相对较慢，每次测量都需要测量探头与物体表面接触，这限制了测量效率。而且，对于复杂形状的物体，尤其是具有不规则曲面或内部结构复杂的物体，机械测量的适应性较差，可能无法全面测量所有部位。

2. 光学与机械复合测量的实现流程

光学测量获取整体信息：在实际应用中，首先运用光学测量系统，如三维激光扫描仪或结构光三维测量系统，快速获取物体的整体形状和表面信息。这些光学测量系统通过发射特定的光学信号并接收物体表面反射或散射的信号，再利用三角测量原理或相位测量原理，能够快速生成物体的大致三维模型。在短短几分钟内，就可以获取物体表面的点云数据，通过后续的点云处理和三维重建算法，能够得到物体的整体形状模型，为后续的精确测量提供基础。

机械测量进行关键部位精确测量：基于光学测量生成的大致三维模型，使用三坐标测量机对物体的关键部位进行精确测量。三坐标测量机通过精确的坐标定位系统，能够对特定部位进行高精度的尺寸测量。在测量过程中，测量探头与物体表面接触，通过精确的传感器获取接触点的坐标信息，从而得到关键部位的精确尺寸数据。例如，对于航空发动机叶片的叶型、厚度等关键尺寸，三坐标测量机能够提供高精度的测量结果。

数据融合处理：将光学测量和机械测量的数据进行融合处理是实现复合

测量优势的关键环节。由于光学测量和机械测量的数据格式、坐标系等可能存在差异，需要采用专门的数据融合算法和软件工具。首先，进行数据的预处理，包括数据滤波、降噪、归一化等操作，以提高数据质量。其次，通过坐标变换和匹配算法，将两种测量数据统一到同一坐标系下。最后，采用合适的数据融合策略，如加权平均、最小二乘法等，将光学测量得到的整体形状信息和机械测量得到的关键部位高精度尺寸数据进行融合，从而得到既包含物体整体形状信息又具有高精度关键尺寸数据的完整测量结果。

3. 光学与机械复合测量的应用领域

模具制造领域：在模具制造过程中，光学与机械复合测量技术发挥着重要作用。模具的质量直接影响产品的成型质量和生产效率，因此对模具的制造精度要求极高。通过光学测量快速获取模具型腔的整体形状，能够及时发现模具制造过程中的整体偏差，为后续的加工调整提供依据。然后，利用三坐标测量机对模具的关键尺寸，如型芯和型腔的配合尺寸、脱模斜度等进行精确测量，确保模具的制造精度符合设计要求。这种复合测量方法不仅提高了模具的制造精度，还缩短了模具的制造周期，降低了生产成本。

航空发动机叶片检测领域：航空发动机叶片作为航空发动机的关键部件，其性能和可靠性直接关系到飞行安全。叶片的形状复杂，对尺寸精度和表面质量要求极高。光学测量能够快速获取叶片的整体形状和表面轮廓信息，检测叶片表面的缺陷和粗糙度。三坐标测量机则用于对叶片的关键尺寸，如叶型厚度、弦长等进行精确测量。通过复合测量技术，可以全面检测叶片的制造质量，确保叶片符合设计要求，提高发动机的性能和可靠性。

（二）激光与超声测量的结合

激光测量技术和超声测量技术在不同方面具有独特的优势，将二者相结合能够实现对物体从表面到内部的全面检测，满足工业生产中对物体质量检测的严格要求。

1. 激光测量与超声测量的特性分析

激光测量的特性：激光测量技术利用激光的高方向性、高单色性和高相干性等特性，在测量物体表面形状和尺寸方面具有很高的精度和效率。常见的激光测量方法包括激光散焦测量、激光扫描测量等。激光三角测量通过测量激光束在物体表面反射或散射后的角度变化，能够精确计算出物体表面点的位置，测量精度可达亚毫米级。激光扫描测量则可以快速获取物体表面的三维点云数据，通过后续的数据处理和建模，能够生成物体的精确三维模型。激光测量技术在工业生产中的应用广泛，如汽车零部件制造、机械加工等领域，能够快速、准确地测量物体的表面形状和尺寸，检测表面的缺陷和尺寸偏差。然而，激光测量技术主要局限于物体表面的测量，对于物体内部的缺陷和结构信息难以获取。

超声测量的特性：超声测量技术基于超声波在介质中的传播特性，通过发射和接收超声波信号来检测物体内部的缺陷、分层等问题。超声波在不同介质中的传播速度和反射特性不同，当超声波遇到物体内部的缺陷或界面时，会发生反射、折射和散射等现象，通过检测这些反射波的特性，如幅度、相位和传播时间等，可以推断出缺陷的位置、大小和形状等信息。超声测量技术具有检测深度大、对内部缺陷敏感等优点，在工业无损检测中得到了广泛应用。例如，在航空航天、石油化工等领域，超声检测技术常用于检测大型金属构件内部的裂纹、气孔等缺陷。然而，超声测量技术对物体表面形状的测量能力有限，其测量精度相对较低，且测量结果受物体形状和材质的影响较大。

2. 激光与超声复合测量的实现流程

激光扫描测量获取表面信息：在工业生产中，对于一些大型金属构件，如桥梁结构件、压力容器等，优先使用激光扫描测量技术获取构件的表面三维形状信息。激光扫描测量系统通过发射激光束并快速扫描物体表面，利用激光反射原理获取物体表面各点的三维坐标信息，生成表面三维点云数据。通过对这些点云数据进行处理和分析，能够检测表面的缺陷和尺寸偏差，如表面的划痕、凸起等。同时，基于点云数据可以构建物体的表面三维模型，为后续的内部检测提供基础。

超声检测获取内部信息：在获取构件表面信息后，利用超声检测技术对构件内部进行检测。超声检测设备通过探头向构件内部发射超声波信号，并接收反射回来的超声波信号，然后对其进行分析处理。根据反射波的特征，如反射波的幅度、相位和传播时间等，可以判断构件内部是否存在裂纹、气孔等缺陷，并确定缺陷的位置、大小和深度等信息。在实际检测过程中，为了提高检测的准确性和全面性，通常需要采用不同频率的超声探头，并从多个角度进行检测。

数据综合分析：将激光测量和超声测量的数据进行综合分析是实现全面检测的关键。激光测量得到的表面信息和超声测量得到的内部信息需要进行有效的整合和关联。通过建立统一的坐标系，将激光测量和超声测量的数据在空间上进行对齐，再利用数据分析算法对两组数据进行融合处理，如通过对比表面缺陷和内部缺陷的位置关系，判断是否存在内部缺陷延伸到表面的情况。通过综合分析，可以全面了解构件的质量状况，为质量控制和安全评估提供可靠依据。

3. 激光与超声复合测量的应用领域

桥梁结构件检测领域：桥梁结构件在长期使用过程中，由于受到荷载、环境等因素的影响，可能会出现表面损伤和内部缺陷。激光与超声复合测量技术可以对桥梁结构件进行全面检测。激光扫描测量能够快速获取结构件的表面形状和尺寸信息，检测表面的裂缝、腐蚀等缺陷。超声检测则可以深入结构件内部，查找内部可能存在的裂纹、气孔等缺陷。通过综合分析两种测量数据，能够准确评估桥梁结构件的安全状况，为桥梁的维护和修复提供科学依据。

压力容器检测领域：压力容器作为工业生产中的重要设备，其安全性至关重要。激光与超声复合测量技术可以对压力容器的表面和内部进行全面检测。激光测量可以检测压力容器表面的变形、腐蚀等缺陷，超声检测可以检测内部的焊缝缺陷、壁厚变化等情况。通过复合测量技术，可以及时发现压力容器存在的安全隐患，确保其安全运行。

（三）电磁与光学测量的结合

电磁测量和光学测量在不同的测量领域具有独特的优势，将二者相结合能够实现对导电材料的多方面特性进行综合测量，满足电子元件制造等领域对材料和产品质量检测的严格要求。

1. 电磁测量与光学测量的特性分析

电磁测量的特性：电磁测量基于电磁感应原理，在检测导电材料内部缺陷和材料特性方面具有独特的优势。常见的电磁测量方法包括涡流检测、磁粉检测等。涡流检测通过在导电材料表面施加交变磁场，使材料内部产生感应电流，即涡流。当材料内部存在缺陷或材料特性发生变化时，涡流的分布和大小会发生改变，通过检测涡流的变化可以检测内部缺陷和材料的电导率、磁导率等特性。涡流检测具有检测速度快、对表面和近表面缺陷敏感等优点，广泛应用于金属材料的无损检测。磁粉检测则是利用磁场对铁磁性材料的作用，当材料表面或近表面存在缺陷时，会产生漏磁场，吸附磁粉形成磁痕，从而显示缺陷的位置和形状。磁粉检测对铁磁性材料的表面和近表面缺陷检测灵敏度高，但对非铁磁性材料不适用。

光学测量的特性：光学测量在获取物体表面微观结构和形状信息方面表现出色。通过光学显微镜、电子显微镜等设备，可以观察到物体表面的微观形貌和结构。例如，扫描电子显微镜（SEM）能够提供高分辨率的表面图像，分辨率可达纳米级别，对于微小颗粒、微观缺陷等的观察非常有效。光学测量还可以通过干涉测量、共聚焦测量等技术精确测量物体表面的平整度、粗糙度等参数。

2. 电磁与光学复合测量的实现流程

电磁感应检测内部缺陷：在电子元件制造过程中，对于一些具有复杂电路结构的印刷电路板（PCB），首先利用电磁感应检测技术检测电路板内部的线路短路、断路等电气缺陷。电磁感应检测设备通过在 PCB 表面施加交变磁场，利用电磁感应原理检测电路板内部线路中的电流变化，从而判断是否存在短路或断路等问题。这种检测方法能够快速定位缺陷位置，为后续的修复提供依据。

光学测量检测表面参数：在完成电磁感应检测后，使用光学测量技术对电路板表面的焊盘、线路图形等进行高精度测量。通过光学显微镜或机器视觉系统，能够清晰观察到电路板表面的微观结构和图形。利用图像处理算法可以对焊盘的尺寸、形状、平整度以及线路间距等参数进行精确测量。例如，通过测量焊盘的直径和高度偏差，确保焊接质量；通过检测线路间距，防止线路短路。

数据综合评估：将电磁测量和光学测量的数据进行综合评估是保证 PCB 质量的关键。电磁测量得到的内部电气缺陷信息和光学测量得到的表面参数信息需要进行有效的整合和分析。通过建立缺陷数据库和质量评估模型，将不同类型的数据进行关联和对比。例如，如果电磁测量发现某一区域存在电气缺陷，同时光学测量发现该区域的线路间距或焊盘质量存在问题，则可以综合判断该 PCB 的质量状况，并采取相应的措施进行改进。

3. 电磁与光学复合测量的应用领域

电子元件制造领域：在电子元件制造过程中，复合测量技术对于保证产品质量至关重要。除了 PCB 制造，在半导体芯片制造、电子封装等环节，电磁与光学复合测量技术也得到了广泛应用。例如，在半导体芯片制造过程中，电磁测量可以检测芯片内部的电路缺陷，光学测量可以检测芯片表面的光刻图案质量和芯片的平整度等参数。通过复合测量技术，可以及时发现制造过程中的问题，提高产品的良品率和可靠性。

二、自适应与自动化测量方法

自适应与自动化测量方法作为测量技术智能化发展的核心方向，在现代工业生产与科学研究中扮演着至关重要的角色。随着科技的飞速进步，传统测量方法已难以满足日益增长的复杂需求。智能控制系统的引入，赋予了测量过程高效、灵活与强适应性的特质，使得测量技术能够精准应对多样化的应用场景，为各领域的发展提供了坚实的技术支撑。

（一）自适应测量方法

1. 自适应测量的原理

自适应测量系统是一个高度集成且智能的系统，主要由传感器、控制器和执行机构三大核心部分构成。传感器作为系统的“感知器官”，其功能强大且多样化。它能够实时、精准地获取被测对象的各类信息以及测量环境的关键参数。例如，在机械制造领域，传感器可以精确测量物体的形状、尺寸以及表面粗糙度等微观特征；在环境监测领域，传感器能够敏锐感知环境温度、湿度、气压等环境因素的变化。这些信息的准确获取是自适应测量系统实现智能调整的基础。控制器则是整个系统的“大脑”，承担着数据处理与决策制定的关键任务。它对传感器采集到的海量数据进行深入分析和精确处理，依据预设的先进算法和科学规则，对当前测量参数和策略的合理性进行判断。这些算法和规则是基于对测量过程的深入理解以及大量实验数据的验证而形成的，具有高度的科学性和实用性。执行机构作为系统决策的“执行者”，负责将控制器发出的指令转化为实际行动。当控制器判断当前测量参数和策略不合适时，会迅速发出指令，执行机构随即调整测量系统的参数。这些参数调整涵盖多个方面，如改变测量仪器的量程、分辨率、测量速度等基本参数，或者灵活调整测量路径、测量角度等关键策略，以确保测量系统始终处于最佳工作状态，实现最佳的测量效果。

2. 自适应测量的实现

在实现自适应测量的过程中，开发先进的算法和模型是核心关键。这些算法和模型需要全面综合考虑被测对象的物理特性、测量原理以及测量环境等多方面复杂因素。以基于机器学习的自适应算法为例，它通过对大量历史测量数据的深度学习和细致分析，能够自动挖掘测量参数与测量结果之间隐藏的内在关系模型。在实际测量过程中，该算法根据实时采集的数据，利用已建立的关系模型快速预测出最佳的测量参数，并及时进行相应调整。这种基于数据驱动的自适应调整方式，大大提高了测量系统对不同测量对象和环境的适应能力，显著提升了测量精度和效率。例如，在精密光学测量领域，对于不同表面粗糙度的光学元件进行测量时，自适应测量系统展现出卓越的性能。传感器能够快速检测到表面粗糙度信息，控制器根据此信息，运用先进算法精确判断并发出指令，执行机构自动调整测量探头的接触力或激光测量的光斑大小。对于表面粗糙度较大的光学元件，适当增加测量探头的接触力或增大激光光斑，这样可以确保能够全面、准确地获取表面信息；而对于表面粗糙度较小的光学元件，则减小接触力或光斑大小，有效避免对元件表面造成损伤，同时提高测量精度，保证测量结果的可靠性。

（二）自动化测量方法

1．自动化测量的流程

自动化测量系统的工作流程遵循一套严谨且有序的预设程序。首先，操作人员需要将测量任务的详细相关信息，如测量对象的具体特征、精确的测量参数以及合理的测量路径规划等，准确无误地输入到测量系统的控制软件中。这些信息的完整性和准确性直接关系到后续测量工作的顺利进行和测量结果的可靠性。控制软件作为自动化测量系统的"指挥中枢"，具有强大的任务规划和指令生成能力。它根据操作人员输入的信息，运用先进的算法和优化策略，生成详细、科学的测量计划。该测量计划不仅涵盖测量设备的操作步骤和顺序，还对每个测量环节的参数设置和时间安排进行了精确规划。其次，控制软件将这些指令精准地发送给各个测量设备和执行机构，确保整个测量过程有条不紊地进行。测量设备在接收到指令后，迅速按照预设的程序和参数开始工作，自动完成对被测对象的复杂测量操作。在测量过程中，数据采集系统发挥着关键作用，它能够实时、高速地采集测量数据，并通过高效的数据传输通道将其准确无误地传输到计算机进行后续处理和存储。测量完成后，控制软件再次发挥其强大的数据处理能力，对采集到的测量数据进行全面、深入的分析和处理。最后，运用专业的数据分析算法和统计方法，控制软件生成详细、直观的测量报告。报告内容不仅包含测量结果的精确数值，还对测量误差进行了深入分析，为后续的质量评估和决策提供了有力依据。

2．自动化测量的优势

自动化测量方法在现代测量领域展现出诸多显著优势。首先，在测量效率方面，具有革命性的提升。由于测量过程无须人工干预，测量设备可以按照设定的最佳速度连续、稳定运行，大幅缩短了单个测量任务的时间。在大规模生产线上，自动化测量系统的高效性尤为突出，它能够在短时间内对大量产品进行快速测量，实现大规模的质量检测，极大地提高了生产效率，降低了生产成本。其次，自动化测量系统在准确性和重复性方面表现卓越。它严格按照预设的程序和精确的参数进行测量，完全避免了人为因素，如操作习惯、疲劳等对测量结果的干扰和影响，从而保证了测量结果的高度准确性和一致性。在多次测量同一对象时，能够得到高度重复的测量数据，这不仅提高了测量数据的可靠性，也为后续的数据分析和质量控制提供了坚实的基础。此外，自动化测量系统借助先进的网络技术，实现了远程监控和管理功能。操作人员可以在远离测量现场的远程终端，通过网络实时监控测量过程的每一个细节，获取测量数据的实时动态以及设备的运行状态信息。这一功能在一些特殊环境下的测量工作中具有不可替代的重要性，如核反应堆内部测量、深海探测等危险环境或难以到达的场所。通过远程监控和管理，操作人员可以及时发现并解决潜在问题，确保测量工作的顺利进行，同时保障人员的安全。

（三）自适应与自动化测量的融合应用

1. 融合应用的优势

将自适应测量与自动化测量有机结合，形成的自适应自动化测量系统具备独特的优势，能够实现更加智能化、高效化的测量过程。该系统在测量过程中能够实时感知被测对象和测量环境的动态变化，并迅速自动调整测量策略和参数，同时保持测量过程的自动化执行，无须人工干预。这种高度集成的智能测量模式，大大提高了测量系统的灵活性和适应性，使其能够应对各种复杂多变的测量任务。

2. 融合应用的实例

在智能工厂的生产线上，自适应自动化测量系统发挥着核心作用。对于不同规格和型号的产品进行测量时，系统展现出强大的自适应能力。当检测到产品的形状发生变化时，系统能够迅速自动调整激光扫描的范围和角度，确保全面、准确地获取产品的表面信息，为后续的质量检测和生产控制提供精准数据支持。当测量环境的温度、湿度等参数发生变化时，系统可以自动补偿环境因素对测量结果的影响，通过先进的算法和模型对测量数据进行修正，保证测量精度不受环境干扰，从而确保产品质量的稳定性和一致性。

3. 融合应用的前景

自适应与自动化测量方法在工业 4.0 和智能制造领域具有广阔的应用前

景。它们能够与生产过程中的其他环节紧密集成，实现生产过程的全面数字化和智能化控制。通过实时获取产品的测量数据，并将其反馈到生产控制系统中，可以及时调整生产参数，优化生产工艺，有效提高产品质量和生产效率，推动制造业向智能化、柔性化方向转型升级。

第三节　测量数据处理与分析

一、数据采集与预处理技术

（一）数据采集技术

数据采集作为三坐标测量机获取精确测量结果的基石，其重要性不言而喻。在现代制造业和科研领域，对于复杂零部件和精密结构的精确测量需求日益增长，这使得数据采集环节成为确保测量质量的关键起始点。通过各类先进的测量传感器，如光栅尺、激光扫描仪、触摸式探头等，三坐标测量机能够实时且精准地获取被测物体的三维坐标数据，为后续的精确建模、尺寸检测以及质量评估提供原始数据支撑。这一过程不仅要求具备高速的数据采集能力，以满足大规模测量任务的效率需求，更需保证所采集数据的高质量，涵盖高精度、高完整性以及良好的一致性，从而为后续的数据处理和深入分析奠定坚实基础。

1. 工作原理与传感器

三坐标测量机的工作原理基于精确的坐标定位系统，通过探头与被测物体表面的交互，实现对物体三维坐标的精确获取。其中，传感器作为数据采集的核心部件，承担着将物理量转化为可处理电信号或光信号的关键任务。

对于接触式探头，其工作过程依赖于位移传感器的精确测量。当探头与被测物体表面接触时，会产生微小的位移，位移传感器利用其内部的精密机械结构和电学转换原理，将这一位移量精准地转化为电信号。例如，常见的应变式位移传感器，通过弹性元件在受力产生位移时引起的电阻变化将位移信息转化为电信号输出，这种信号经过后续的放大、滤波和数字化处理后，传输至测量系统，从而确定探头在空间中的精确位置，进而获取被测物体表面的坐标信息。激光或光学探头则采用非接触式测量方式，基于光学原理实现对物体表面的快速扫描和坐标获取。测量系统通过发射特定频率和强度的光束（如激光束），当光束照射到被测物体表面后，部分光线会发生反射。测量系统接收反射回来的光束，通过分析光束的强度、相位、频率等参数的变化，利用三角测量原理或飞行时间原理来精确计算光束从发射到接收所经历的距离，进而确定被测物体表面点的三维坐标信息。例如，在基于三角测量原理的激光扫描仪中，通过精确控制发射光束的角度和接收探测器的位置，利用几何关系计算出物体表面点与测量系统之间的距离，实现对物体表面的快速三维数据采集。

2. 采集精度与速度

数据采集的精度是衡量三坐标测量机性能的核心指标之一，它与传感器的分辨率密切相关。高分辨率的传感器能够捕捉到被测物体表面微小的几何变化，提供更加精确的测量结果。例如，高精度的光栅尺通过其精细的刻线技术，能够将位移测量分辨率提高到微米甚至亚微米级别，使得三坐标测量机在测量高精度零部件时能够准确获取其尺寸和形状信息。

在满足高精度要求的同时，采集速度对于提高测量效率至关重要。现代制造业的大规模生产和快速检测需求，促使测量设备不断提升采集速度。为了实现这一目标，现代测量设备常采用多探头协同工作和并行测量技术。多探头协同工作模式下，不同类型或相同类型的探头可以同时对被测物体的不同部位进行测量，通过合理的布局和同步控制，大幅缩短了整体测量时间。例如，在对大型复杂零部件的测量中，可同时使用触摸式探头对关键尺寸进行高精度测量，利用激光扫描仪对大面积表面进行快速扫描，两者相互配合，既保证了测量精度，又提高了测量效率。

并行测量技术则是利用多个测量通道同时对数据进行采集和处理。通过采用高速数据采集卡和先进的并行算法，测量系统能够在同一时间内处理多个传感器传来的数据，进一步提升采集速度。这种技术在处理大量数据的快速测量任务中表现出色，如对汽车零部件的批量检测，能够在短时间内完成复杂的三维数据采集工作。

3. 应用挑战与解决方案

在实际的数据采集过程中，传感器面临着诸多复杂因素的影响，这些因素可能导致采集数据出现偏差或误差，从而影响测量结果的准确性和可靠性。

环境噪声是一个不容忽视的因素，它涵盖了温度变化、振动、电磁干扰等多个方面。温度变化会引起传感器材料的热膨胀或收缩，导致测量结构发生微小变形，进而影响测量精度。例如，在高精度的光学测量系统中，温度的微小波动可能导致光学元件的折射率发生变化，从而使测量光线的传播路径产生偏差，最终影响距离测量的准确性。振动会使探头与被测物体表面的接触不稳定，或者导致光束的传播方向发生抖动，造成采集数据的波动和不准确。电磁干扰则可能影响传感器内部电子元件的正常工作，使电信号传输过程中出现噪声和失真，干扰测量系统对信号的准确识别和处理。

设备稳定性也是影响数据采集精度的关键因素。长时间连续工作可能导致设备的机械部件磨损、电子元件性能下降，从而引起测量误差的积累。此外，设备的安装和校准精度也直接关系到测量结果的准确性。如果三坐标测量机的坐标轴安装不垂直或校准不准确，将导致测量的三维坐标数据出现系统性偏差。

物体表面特性同样会对数据采集产生影响。不同材料的表面反射率、粗糙度等特性差异较大，会影响激光或光学探头的测量效果。例如，对于高反射率的光滑表面，激光束可能会发生镜面反射，导致测量系统无法准确接收反射光，从而产生测量盲区或数据缺失；而对于粗糙表面，由于光线的漫反射，可能会使测量系统接收到的光信号强度不稳定，增加测量误差。

为应对这些挑战，设计精确的采集流程和选择适合的传感器是关键。在采集流程设计方面，需要充分考虑测量环境的特点和被测物体的特性，合理规划测量路径、测量点分布以及测量顺序。例如，在测量具有复杂曲面的物体时，应根据曲面的曲率变化合理调整测量点的密度，以确保能够准确捕捉曲面的几何特征。同时，在测量过程中要实时监测环境参数，如温度、湿度等，并根据环境变化及时调整测量参数或采取相应的补偿措施。在传感器选择上，要根据具体测量任务的精度要求、速度要求以及被测物体的特性进行综合评估。对于高精度测量任务，应优先选择分辨率高、抗干扰力强的传感器；对于快速测量任务，则需要考虑传感器的响应速度和数据传输速率。例如，在对微小尺寸零部件的高精度测量中，可选用高精度的接触式探头；而对于大面积、快速测量需求，激光扫描仪则是更为合适的选择。此外，在实际应用中，精细的设备校准是确保数据准确性的必要手段。设备校准包括定期对坐标轴的垂直度、平行度进行校准，对传感器的零点、量程进行校准等。通过精确的校准，可以消除设备本身的系统性误差，提高测量结果的准确性和重复性。同时，还可以采用实时校准技术，在测量过程中根据已知的标准物体对测量系统进行实时校准，进一步提高测量精度。

（二）预处理技术

数据预处理作为确保测量结果质量的关键环节，在整个测量流程中起着承上启下的重要作用。其核心目的在于对采集到的原始数据进行优化处理，去除其中包含的噪声、滤除异常值，并校正可能存在的测量误差，从而为后续的数据分析、模型构建以及精确测量结果的获取提供高质量的数据基础。经过预处理的数据能够更准确地反映被测物体的真实几何特征，提高测量结果的可靠性和可信度。

1. 去噪技术

在测量过程中，不可避免地会受到各种环境噪声的干扰，这些噪声来源广泛，包括温度变化、振动、电磁干扰等，它们会导致采集到的数据出现波动和不稳定现象，严重影响数据的质量和测量结果的准确性。

温度变化是一种常见的环境噪声源。温度的波动会引起测量设备的热胀冷缩，导致传感器的物理特性发生变化，进而影响测量信号的准确性。例如，在高精度的光学测量系统中，温度变化可能导致光学镜片的折射率改变，使得光线传播路径发生偏移，从而在采集的数据中引入误差。振动也是一个重要的噪声源，它会使测量设备产生抖动，导致探头与被测物体表面的接触不稳定，或者使激光束的传播方向发生抖动，从而造成采集数据的波动。电磁干扰则会对测量系统中的电子元件产生影响，干扰电信号的传输和处理，使采集到的数据中混入噪声信号。

为了有效去除这些噪声，常用的去噪技术包括均值滤波、中值滤波和低通滤波等。

均值滤波是一种简单而有效的去噪方法，它通过对多个数据点进行平均处理，来减少高频噪声的干扰。具体而言，均值滤波在数据序列中选取一个固定长度的窗口，计算窗口内所有数据点的平均值，并将该平均值作为窗口中心数据点的滤波后值。随着窗口在数据序列中逐点移动，不断重复上述计算过程，从而实现对整个数据序列的滤波。均值滤波的优点是计算简单、易于实现，能够有效地平滑数据，减少随机噪声的影响。然而，它对于突发异常值的处理能力较弱，可能会导致信号的细节部分被平滑掉。

中值滤波则是针对均值滤波在处理突发异常值方面的不足而提出的一种去噪方法。它通过对窗口内的数据点进行排序，选取中间值作为窗口中心数据点的滤波后值。中值滤波能够有效抑制突发异常值的影响，保持信号的边缘和细节信息。例如，在处理含有脉冲噪声的数据时，中值滤波可以很好地将噪声点滤除，同时保留信号的真实特征。与均值滤波相比，中值滤波在处理具有尖锐变化的信号时表现更为出色，但它的计算复杂度相对较高，对于大数据量的处理效率可能较低。

低通滤波是基于频率域的去噪方法，它通过设计滤波器的频率响应特性，允许低频信号通过，而衰减高频噪声信号。在实际应用中，低通滤波通常采用数字滤波器实现，通过对采集到的数据进行离散傅里叶变换（DFT）或快速傅里叶变换（FFT），将数据从时域转换到频域，然后在频域中对高频部分进行衰减处理，最后再通过逆傅里叶变换将数据转换回时域，得到滤波后的结果。低通滤波适用于去除具有特定频率成分的噪声，如周期性的电磁干扰噪声等，但它的滤波效果依赖于对噪声频率特性的准确了解，并且在滤波过程中可能会引起信号的相位失真。

2. 异常值检测与处理

在数据采集过程中，由于测量误差、设备故障或外界干扰等原因，可能会出现一些离群点，这些点明显偏离数据的正常分布范围，被称为异常值。

异常值的存在会对最终的测量结果产生严重影响，导致数据分析和模型构建的偏差，进而影响测量精度和可靠性。因此，准确检测和有效处理异常值是数据预处理中的重要环节。

常见的异常值检测方法包括基于统计分析的标准差检测和随机抽样一致性（RANSAC）算法。基于统计分析的标准差检测方法是利用数据的统计特征来识别异常值。该方法假设数据服从正态分布，首先计算数据的均值和标准差，然后根据经验或特定的统计准则设定一个阈值范围。通常，将距离均值超过一定倍数标准差的数据点视为异常值。例如，在实际应用中，常将距离均值超过 3 倍标准差的数据点判定为异常值。这种方法简单直观，适用于数据大致服从正态分布的情况，但对于非正态分布的数据，其检测效果可能不佳。

RANSAC 算法则是一种基于模型拟合的异常值检测方法，它通过对数据进行重复采样和验证，找到数据集中的内在规律，剔除不符合条件的异常点。该算法的基本思想是在数据集中随机选取一组最小数据子集，假设这些子集符合某种模型（如直线模型、平面模型等），然后利用该模型对整个数据集进行拟合，计算每个数据点到模型的距离。根据设定的阈值，将距离超过阈值的数据点视为异常值。接着，算法再次随机选取数据子集，重复上述过程，通过多次迭代找到最优的模型参数和对应的内点集合（即符合模型的数据点集合）。RANSAC 算法的优点是对噪声和异常值具有较强的鲁棒性，能够在含有大量异常值的数据集中准确找到真实的模型参数，但它的计算复杂度较高，迭代次数较多时运行效率较低。

在检测到异常值后，需要根据具体情况采取合适的处理方法。常见的处理方法包括删除异常值、用合理值替换异常值等。删除异常值适用于异常值数量较少且对整体数据影响不大的情况。然而，如果异常值数量较多，直接删除可能会导致数据信息的丢失，影响数据分析的准确性。此时，可以采用合理值替换异常值的方法，如使用均值、中位数或通过插值方法计算得到的估计值来替换异常值。

3. 数据平滑与补偿

为了进一步提高数据的稳定性，提高数据的质量，常使用数据平滑技术来消除采集过程中的小幅度波动。这些小幅度波动可能是由于测量设备的微小振动、传感器的噪声或环境的轻微干扰等引起的，虽然单个波动对数据的影响较小，但在大量数据的累积下，可能会对后续的数据分析和处理产生显著影响。

常见的平滑方法包括加权移动平均和样条插值法。加权移动平均是在移动平均的基础上，为每个数据点赋予不同的权重，使得近期的数据点对平均值的贡献更大。具体而言，加权移动平均在计算平均值时，根据数据点的时间顺序或其他相关因素，为每个数据点分配一个权重系数，权重系数之和为1。通过对窗口内的数据点进行加权求和，再除以权重系数之和，得到窗口中心数据点的平滑值。随着窗口在数据序列中移动，不断重复上述计算过程，实现对整个数据序列的平滑处理。加权移动平均能够更好地跟踪数据的变化趋势，同时对噪声具有一定的抑制作用，适用于数据存在一定趋势性变化的情况。

样条插值法是一种基于函数插值的平滑方法，它通过构造一条光滑的曲线或曲面，使其通过给定的数据点，从而实现对数据的平滑处理。样条插值法利用分段多项式函数来拟合数据点，在保证曲线或曲面通过所有数据点的同时，使曲线或曲面具有良好的光滑性。常见的样条插值方法包括线性样条插值、二次样条插值和三次样条插值等。其中，三次样条插值由于其良好的光滑性和拟合效果，在实际应用中最为广泛。样条插值法能够有效平滑数据，同时保留数据的局部特征，适用于对数据的光滑性要求较高的场合。

除了数据平滑技术，补偿技术也是数据预处理中的重要环节。补偿技术是根据已知的测量环境和设备特性，对采集到的数据进行补偿，校正测量过程中可能出现的系统性误差。例如，由于测量设备的安装误差、传感器的非线性特性或环境因素的影响，采集到的数据可能存在一定的偏差。通过建立补偿模型，利用已知的标准物体或参考数据对测量系统进行校准和补偿，可以有效消除这些系统性误差，提高测量结果的准确性。

补偿技术通常需要结合具体的测量设备和测量环境进行定制化设计。例如，在光学测量系统中，由于温度、湿度等环境因素会影响光学元件的性能，导致测量结果出现偏差，可以通过建立温度、湿度与测量误差之间的数学模型，实时监测环境参数，并根据模型对采集到的数据进行补偿。在机械测量系统中，由于机械结构的磨损、变形等原因可能会导致测量精度下降，可以通过对机械结构的运动学模型进行分析和优化，对测量数据进行补偿，提高测量系统的长期稳定性和准确性。

二、数据分析方法与精度优化

（一）数据分析技术

数据分析作为测量数据处理的核心环节，承担着从海量原始数据中挖掘有价值信息以及提升测量精度的重要使命。它借助一系列先进算法，对数据展开深度剖析，为测量工作提供关键支持，确保测量结果的科学性与可靠性。

1. 拟合分析

拟合分析在测量数据处理中扮演着至关重要的角色，其主要目的是从众多离散的数据点中提炼出最佳的几何形状模型。这一过程能够帮助我们更清晰地理解数据所代表的物理实体的几何特征，进而为后续的分析和决策提供有力依据。

在众多拟合方法中，最小二乘法是一种经典且广泛应用的技术。它的核心思想是通过最小化所有数据点与拟合曲线之间的误差平方和，来确定最合适的模型。在实际测量中，由于各种因素的影响，测量数据往往存在一定的误差和离散性。最小二乘法通过对这些误差进行综合考量，寻找一条能够最佳拟合数据点的曲线，使得数据点与曲线之间的整体偏差达到最小。这种方法不仅能够有效地平滑数据噪声，还能准确地反映数据的内在趋势，从而得到一个能够准确描述数据分布的数学模型。

曲面拟合技术则是针对复杂形状物体测量数据处理的有力工具。在面对具有复杂几何形状的物体时，简单的曲线拟合已无法满足需求。曲面拟合技术能够将大量的三维测量数据点进行整合，生成平滑、连续的表面。这一过程需要考虑多个维度的数据信息以及它们之间的相互关系，通过复杂的算法和数学模型，构建出与实际物体表面高度吻合的曲面模型。生成的平滑连续表面不仅能够更直观地展示物体的几何形状，还能确保数据的精确度。它可以避免因数据点的离散性和不连续性而导致的误差积累，为后续的尺寸测量、形状分析等工作提供准确的数据基础。

2. 统计分析与误差建模

统计分析方法在评估测量数据的精度与稳定性方面发挥着不可或缺的作用。它运用一系列科学的统计工具和方法，对测量数据进行全面、深入分析，从而为测量结果的可靠性提供量化评估。

回归分析是统计分析中常用的方法之一。它通过建立数学模型，深入挖掘数据中的规律性和趋势性。在测量领域，回归分析可以帮助我们理解不同测量变量之间的内在关系，以及这些关系如何影响测量结果。例如，在研究温度对某一物理量测量值的影响时，通过回归分析可以建立起温度与测量值之间的数学模型。通过这个模型，我们不仅能够根据已知的温度值预测测量结果，还能识别出数据中的变化趋势，进而评估测量的精度。同时，回归分析还可以用于检测数据中的异常值和噪声，通过对模型残差的分析，判断哪些数据点偏离了正常的趋势，从而对测量过程进行优化和改进。

误差传播分析是另一种重要的统计分析方法，在测量精度评估中具有关键意义。在实际测量过程中，测量结果往往是通过多个测量环节和多个测量的组合得到的。每个测量环节和测量都不可避免地存在一定的误差，这些误差会在测量过程中相互传递和累积，进而影响最终测量结果的准确性。误差传播分析通过建立误差传播模型，量化各个测量环节中误差对最终结果的影响程度。通过这种分析，我们可以清晰地了解误差的来源和传播路径，明确哪些测量环节对最终误差的贡献较大。这为进一步的精度提升提供了理论依据，使我们能够有针对性地对关键测量环节进行优化和改进，从而有效降低最终测量结果的误差。

3. 精度优化算法

为了实现测量结果精度的显著提升，精度优化算法在数据分析中发挥着关键作用。这些算法通过对测量数据的智能处理和修正，能够有效去除数据中的噪声和误差，提高测量结果的准确性和可靠性。

卡尔曼滤波作为一种常用的精度优化算法，特别适用于动态系统中的实时数据优化。在动态系统中，测量数据往往受到多种因素的干扰，如噪声、干扰信号等，导致数据的准确性和稳定性受到影响。卡尔曼滤波通过建立系统的状态空间模型，利用前一时刻的状态估计值和当前时刻的测量值，递归地计算出当前时刻的最优状态估计值。它能够实时对测量数据进行滤波和修正，有效去除噪声和干扰信号的影响，使测量结果更加准确地反映系统的真实状态。卡尔曼滤波的优势在于其计算效率高、实时性强，能够在不增加过多计算负担的情况下，实现对动态系统中测量数据的高效优化。

贝叶斯优化则是在不确定环境下进行参数估计和优化的有效方法。在实际测量中，我们往往面临着各种不确定性因素，如测量环境的变化、测量设备的精度限制等。贝叶斯优化基于贝叶斯定理和概率模型，通过对参数空间进行逐步探索和优化，能够在有限的试验次数内找到最优的参数组合。它通过不断更新对参数的先验知识，结合新的测量数据，逐步缩小参数空间的搜索范围，从而实现对参数的高效估计和优化。贝叶斯优化的独特之处在于它能够充分利用先验信息和历史数据，在不确定性环境下做出更加合理的决策，提高测量结果的精度和可靠性。

（二）精度优化方法

精度优化作为数据分析中的核心任务，致力于通过综合运用算法改进、传感器校准以及测量方法的创新，全方位提升测量结果的准确性，以满足不同领域对高精度测量的严格要求。

1. 算法优化

算法优化在精度优化过程中占据着关键地位，尤其是在拟合精度和误差分析这两个关键领域。在拟合精度方面，传统的算法如最小二乘法虽然已经得到了广泛应用，但随着测量数据的复杂性和精度要求的不断提高，对这些算法进行优化成为必然趋势。改进的最小二乘法通过引入新的约束条件或优化目标函数，能够更好地适应复杂的数据分布和特殊的测量需求。例如，在处理含有大量噪声的数据时，改进算法可以通过调整权重分配，更加注重数据的核心特征，从而提高拟合曲线与真实数据分布的吻合度。

曲面拟合算法同样需要不断优化以应对日益复杂的物体形状测量。随着测量技术的发展，对复杂曲面的测量需求越来越多，传统的曲面拟合算法在处理这些复杂数据时可能会出现精度不足或计算效率低下的问题。新的曲面拟合算法采用更先进的数学模型和计算方法，如基于深度学习的曲面拟合技术，能够自动学习数据中的复杂特征和规律，生成更加精确的曲面模型。这些改进的算法不仅提高了数据的拟合精度，还能更好地保留物体的细节特征，从而为后续的测量和分析提供更准确的数据基础。

精度优化还涉及对误差源的深入识别和有效排除。在测量过程中，系统误差往往会对测量结果产生长期、不稳定的影响，严重降低测量精度。通过对误差源的详细分析，我们可以发现系统误差可能来自测量设备的不准确校准、测量方法的固有缺陷或环境因素的干扰等。针对这些误差源，我们可以采取相应的措施进行排除。例如，通过对测量设备进行定期校准和维护，确保其准确性；对测量方法进行改进和优化，消除潜在的误差因素；对环境因素进行实时监测和补偿，降低环境变化对测量结果的影响。通过这些措施，可以有效减少系统误差对测量结果的影响，提高测量的准确性和可靠性。

2. 传感器校准

传感器校准是确保测量精度的基础工作，它对于保证测量设备在整个工作过程中的精确性至关重要。传感器作为测量系统的核心部件，其性能的稳定性和准确性直接决定了测量结果的质量。

基准校准是一种通过将测量设备与已知标准物体进行对比来调整传感器偏差的校准方法。在基准校准过程中，我们使用具有高精度、高稳定性的标准物体，其尺寸和特性是经过严格测量和认证的。将传感器对标准物体进行测量，然后将测量结果与标准值进行对比，计算出传感器的偏差。根据这些偏差，对传感器进行相应的调整和校准，使其输出能够准确反映被测量的真实值。基准校准能够有效消除传感器的系统性偏差，提高测量的准确性和一致性。

动态校准则是针对测量设备在不同工作条件下的实时校正方法。在实际工作中，测量设备往往会受到各种动态因素的影响，如温度变化、振动、压力波动等，这些因素会导致传感器的性能发生变化，从而影响测量结果的准确性。动态校准通过在不同工作条件下对传感器进行实时测量和校正，能够及时发现并补偿这些变化对测量结果的影响。例如，在工业生产线上，测量设备可能会在不同的温度和压力环境下工作，通过动态校准系统，可以实时监测这些环境因素的变化，并根据预设的算法对传感器的输出进行调整，确保测量结果在各种工作条件下都能保持准确可靠。

3. 环境优化

环境因素对测量结果的影响不容忽视，温度、湿度和气压等环境参数的变化可能会显著影响测量设备和被测物体的物理特性，进而降低测量精度。因此，优化测量环境是提高测量精度的重要手段之一。

温度是影响测量精度的重要环境因素之一。许多测量设备和被测物体的物理特性都对温度变化非常敏感。例如，金属材料的热膨胀系数较大，温度的微小变化可能会导致其尺寸发生明显变化。对于高精度的尺寸测量，这种热膨胀效应可能会引入较大的误差。在电子测量设备中，温度变化也可能会影响电子元件的性能，导致测量信号的漂移和失真。通过将测量环境控制在恒温室内，可以有效减少温度变化对测量结果的影响。恒温室内配备高精度的温度调节系统，能够将温度控制在极小的波动范围内，确保测量过程在稳定的温度环境下进行，从而提高测量精度。

湿度也是一个需要关注的环境因素。高湿度环境可能会导致测量设备受潮，影响其电气性能和机械性能。例如，在光学测量设备中，湿度的变化可能会导致镜片表面结露，影响光路的传输和测量精度。对于一些对湿度敏感的材料，如纸张、木材等，湿度的变化会导致其尺寸和物理特性发生改变，从而影响测量结果的准确性。通过在恒湿室内进行测量，可以有效地控制湿度水平，避免湿度对测量设备和被测物体的不利影响。恒温室通过湿度调节设备，能够精确地控制室内湿度，为测量工作提供稳定的湿度环境。

气压的变化同样可能对测量结果产生影响，尤其是在一些对压力敏感的测量过程中。例如，在高精度的压力测量或涉及气体的测量中，气压的波动可能会导致测量结果的偏差。通过优化测量环境，如在密封的测量室内进行测量，并配备气压调节系统，可以有效地控制气压变化对测量结果的影响，确保测量精度的稳定性。通过这些环境优化措施，可以显著降低环境因素对测量结果的干扰，提高测量的准确性和可靠性，满足各种高精度测量的需求。

三、测量结果的后处理与误差分析

（一）后处理技术

后处理作为测量流程中的关键环节，对于确保测量结果的科学性、可靠性以及实用性起着至关重要的作用。它是连接原始测量数据与最终可用成果的桥梁，涵盖了多个复杂且精细的操作步骤，主要包括数据格式化、误差修正和报告生成等核心内容。

1. 数据格式化与可视化

在测量工作完成之后，所采集到的原始数据往往呈现出多样化、不规则的状态，难以直接用于后续的深入分析与有效应用。因此，数据格式化处理成为首要且必要的步骤。这一过程并非简单的形式调整，而是涉及多个专业层面的细致操作。首先，数据单位的统一是基础且关键的任务。不同的测量设备或测量方法可能会产生不同单位的数据，如长度测量可能出现毫米、厘米、英寸等多种单位。若不进行统一，后续的数据分析与整合将陷入混乱，无法得出准确有效的结论。在统一单位时，需要依据国际标准或行业通用规范，精确地进行单位换算，确保数据的一致性和可比性。其次，数据精度的调整也是数据格式化的重要内容。测量数据的精度可能因测量设备的精度差异、测量环境的影响等因素而参差不齐。精度过高可能会引入过多的噪声数据，增加数据处理的复杂性；精度过低则可能丢失重要信息，影响测量结果的准确性。因此，需要根据具体的测量目的和数据分析需求，运用专业的统计学方法和领域知识，合理地调整数据精度。例如，在某些对精度要求极高的科学研究中，可能需要保留较多的小数位数；而在一些工业应用场景中，适当简化数据精度既能满足实际需求，又能提高数据处理效率。

数据可视化则是将经过格式化处理的数据以直观的图形界面形式呈现出来，这一技术在现代测量领域中具有不可忽视的重要性。通过数据可视化，操作人员能够迅速、直观地查看物体的几何形态和尺寸信息。例如，在三维测量中，利用专业的可视化软件可以将测量得到的点云数据转化为逼真的三维模型，操作人员可以从不同角度观察物体的形状，清晰地了解其各个部分的尺寸和相对位置关系。这种直观的呈现方式不仅有助于操作人员快速定位潜在问题，如物体表面的缺陷、尺寸偏差等，还能为后续的数据分析和决策提供有力支持。可视化技术能够将复杂的数据信息转化为易于理解的图形，大大提高了数据的可读性和可解释性，使得非专业人员也能够快速理解测量结果的关键信息。

2. 误差修正

误差修正是测量后处理中的核心环节之一，旨在消除或减小测量过程中由于各种因素导致的误差，从而确保测量结果的准确性和可靠性。在实际测量过程中，受到设备性能、环境条件、测量方法等多种因素的综合影响，误差的产生是不可避免的。这些误差如果不加以修正，将直接影响测量结果的质量，进而可能导致错误的决策和结论。

零点漂移修正是误差修正中常用的方法之一。许多测量设备在长时间运行或受到外界因素干扰时，可能会出现零点偏移的情况。例如，电子测量仪器在开机预热过程中，由于内部电路元件的特性变化，可能导致测量值在零点处出现偏差。这种零点漂移会使整个测量数据产生系统性的偏差，如果不进行修正，随着测量时间的增加，误差会逐渐累积，严重影响测量结果的准确性。零点漂移修正通常需要使用标准参考源或已知的零值样本，通过与测量设备的实际输出进行对比，计算出零点偏移量，并对测量数据进行相应的调整，使测量值恢复到正确的零点位置。

温度补偿也是误差修正中不可或缺的一部分。温度变化对许多测量设备和被测物体的物理特性有着显著的影响。例如，对于金属材料制成的测量工具，温度的升高会导致其热膨胀，从而使测量尺寸产生偏差；对于电子传感器，温度变化可能会影响其电学性能，导致输出信号的漂移。为了补偿温度对测量结果的影响，需要建立精确的温度与测量误差之间的关系模型。通过在测量过程中实时监测温度，并根据预先建立的模型对测量数据进行修正。这一过程需要深入研究测量设备和被测物体的热特性，结合物理学原理和实验数据，构建准确可靠的温度补偿模型，以确保在不同温度环境下测量结果的准确性。

（二）误差分析

误差分析作为测量领域中的重要研究内容，旨在全面、深入地识别和量化测量过程中潜在的误差源，并通过科学的方法为进一步优化测量提供坚实的理论依据和实践指导。它是提高测量精度、确保测量结果可靠性的关键步骤。

1. 误差来源与分类

测量误差是一个复杂的现象，其来源广泛且多样。为了更好地理解和处理误差，通常将测量误差分为系统误差和随机误差两大类。

系统误差通常源于测量设备本身的固有缺陷、测量环境的变化以及测量方法的内在局限性等因素。这些因素往往会导致测量结果在某一方向或某一部分上出现重复性的偏差。例如，测量仪器的校准不准确可能会使测量结果始终偏大或偏小；环境温度、湿度、磁场等因素的变化如果没有得到有效控制和补偿，也会对测量结果产生系统性的影响。此外，测量方法本身可能存在一定的局限性，如某些近似计算或简化假设可能会引入系统误差。系统误差的特点是具有重复性和可修正性，一旦识别出系统误差的来源，就可以通过相应的校准、修正或改进测量方法等措施来消除或减小其对测量结果的影响。

随机误差则是由一系列不可预测的外部干扰因素引起的偶然性误差。这些干扰因素包括但不限于测量过程中的微小振动、空气流动、电子噪声等。由于这些因素的随机性和不确定性，随机误差通常较难预测和直接控制。随机误差的分布通常符合一定的统计规律，如正态分布。在多次测量中，随机误差的大小和方向呈现出无规律的变化，但从总体上看，其具有抵偿性，即随着测量次数的增加，随机误差的算术平均值会趋近于零。虽然随机误差难以完全消除，但可以通过增加测量次数、采用统计分析方法等手段来减小其对测量结果的影响。

2. 误差分析方法

误差分析通常借助多种专业方法来实现，其中误差传播法和蒙特卡罗模拟是两种常用且有效的方法。

误差传播法是基于数学模型，通过严谨的数学推导来计算误差如何在不同的测量环节中传递，并分析其对最终测量结果的影响程度。在实际测量中，测量结果往往是通过多个测量经过一系列的数学运算得到的。例如，在计算物体的体积时，可能需要测量物体的长度、宽度和高度，然后通过乘法运算得到体积。由于每个测量都存在一定的误差，这些误差会在运算过程中相互传递和累积，最终影响体积测量的准确性。误差传播法通过对测量与最终测量结果之间的函数关系进行分析，利用偏导数等数学工具，计算出每个测量的误差对最终结果误差的贡献大小。通过这种方法，可以清晰地了解误差的传播路径和影响程度，从而有针对性地采取措施来减小关键测量环节的误差，提高最终测量结果的精度。

蒙特卡罗模拟则是一种基于概率统计原理的数值模拟方法，通过随机模拟大量可能的误差情况，来评估其对测量精度的影响。在实际测量中，由于误差来源的复杂性和不确定性，很难通过理论分析精确地确定误差的分布和影响。蒙特卡罗模拟通过建立测量系统的数学模型，将各个误差源视为随机变量，并根据其可能的取值范围和概率分布进行随机抽样，然后对每次抽样得到的误差组合进行测量结果的计算，这一过程通常需重复进行数千次甚至更多。通过对这些模拟结果的统计分析，可以得到误差的分布范围、平均值、标准差等统计参数，从而全面评估误差对测量精度的影响。蒙特卡罗模拟的优点在于它能够处理复杂的误差模型和不确定因素，不需要对误差分布做出严格的假设，因此在实际应用中具有较高的灵活性和准确性。

3. 误差优化与补偿

通过深入细致的误差分析，能够准确地识别出测量过程中可能存在的各种误差源。基于这些分析结果，可以有针对性地采取一系列优化措施，以减小测量误差，提高测量结果的准确度。误差补偿技术是实现误差优化的重要手段，它主要通过硬件调整和软件修正两种方式来实现。硬件调整方面，传感器校准是最为常见的方法之一。传感器作为测量系统的核心部件，其性能的准确性直接影响测量结果。由于传感器在长期使用过程中可能会受到各种因素的影响，如温度、湿度、老化等，导致其测量精度下降。因此，定期对传感器进行校准是确保测量准确性的关键。校准过程通常是将传感器与已知标准量进行对比，根据对比结果对传感器的输出进行调整和修正，使其输出与实际测量值之间的偏差在允许范围内。

软件修正则是利用先进的算法对测量数据进行处理，以补偿测量过程中产生的误差。例如，通过建立误差模型，根据测量数据和误差模型的关系，运用算法对测量结果进行实时修正。在一些复杂的测量系统中，软件修正可以结合多种因素进行综合补偿，如同时考虑温度、湿度、测量时间等因素对测量结果的影响，通过复杂的算法计算出相应的误差补偿值，并对测量数据进行修正。这种基于软件的误差补偿方法具有灵活性高、适应性强的特点，可以根据不同的测量需求和误差特性进行定制化开发，从而有效提升测量结果的准确度。

第四章　三坐标测量机的软件系统与应用功能

第一节　三坐标测量机的软件架构

一、软件系统的基本架构与功能

三坐标测量机的软件架构是由多个模块组成的集成系统，负责设备的操作控制、数据处理、测量路径规划、误差修正、测量结果输出等功能。

（一）操作控制模块

操作控制模块作为三坐标测量机软件的核心组成部分，肩负着对设备硬件部分进行精准控制的重任。其中涉及对电机、传感器等多种关键硬件设备的协同管理。

在实际操作过程中，该模块首先会接收操作人员输入的指令。这些指令涵盖了测量任务的各个方面，如测量起始位置、测量路径规划要求以及测量速度设定等。操作控制模块依据这些指令，对测量机各轴的运动进行精确调度。三坐标测量机通常具备三个相互垂直的坐标轴（X、Y、Z 轴），每个轴的运动都需要精确控制，以确保测量头能够按照预定的路径和速度移动。这需要操作控制模块具备高度精确的运动控制算法，能够实时计算各轴所需的运动量和运动速度，从而实现测量头的精准定位。此外，操作控制模块的实时反馈功能是确保设备精准定位的关键所在。测量传感器会实时提供设备当前的运动状态数据，如测量头的实际位置、运动速度以及加速度等信息。操作控制模块基于这些实时反馈数据，能够动态调整设备的运动状态，确保设备的正常运行。例如，当测量头接近目标位置时，操作控制模块会根据传感器反馈的距离信息，逐渐降低运动速度，以实现精确停靠；若发现测量头的运动方向出现偏差，模块会及时调整各轴的运动参数，纠正偏差，确保测量头始终沿着预定路径移动。这种实时反馈和动态调整机制，极大地提高了设备的定位精度和测量准确性。

（二）数据采集与处理模块

数据采集与处理模块在整个测量过程中扮演着承上启下的重要角色，它负责从传感器获取关键数据，并对其进行预处理，为后续的测量分析和精度优化奠定基础。

数据采集模块是获取被测物体坐标信息的前沿阵地。通过分布在测量机各个关键位置的传感器，实时捕捉被测物体表面的坐标信息。这些传感器具备高精度和高灵敏度，能够精确感知测量头与被测物体表面的接触点，并将其转换为数字信号传输至数据采集模块。在实际测量过程中，数据采集模块会按照预设的采样频率和采集策略，持续不断地获取大量的坐标数据，以全面反映被测物体的几何形状。

采集到的原始数据往往包含各种噪声和干扰信息，这就需要数据处理模块对其进行预处理。数据处理模块首先会运用滤波算法，去除数据中的高频噪声和随机干扰，使数据更加平滑和稳定。常见的滤波方法包括均值滤波、中值滤波和高斯滤波等，这些算法能够根据数据的特点和噪声特性，选择最合适的滤波方式，有效降低噪声对数据质量的影响。

去噪之后，数据处理模块会进行拟合分析等操作。拟合分析旨在从离散的测量数据点中提取出物体的几何形状信息，通过数学模型对数据进行拟合，得到更加准确和连续的物体表面描述。例如，在测量一个圆形物体时，拟合分析可以通过最小二乘法等算法，找到最符合测量数据点的圆方程，从而确定物体的圆心位置和半径大小。经过这些预处理后的数据，不仅更加准确可靠，而且为后续的误差分析和精度优化提供了良好的数据基础。处理后的高质量数据将被传送到测量控制模块，为下一步的测量任务执行提供准确的输入。

（三）测量路径规划与分析模块

测量路径规划与分析模块是确保三坐标测量机高效、准确完成测量任务的关键环节，它分别从测量路径规划和测量数据分析两个方面为测量工作提供支持。

测量路径规划模块需要综合考虑被测物体的几何形状、尺寸要求和精度需求等多方面因素，规划出最优的测量路径。在实际应用中，不同的被测物体具有各异的几何形状，如复杂的机械零件可能包含各种曲面、孔、槽等特征。测量路径规划模块需要精确识别这些特征，并根据其位置和形状，规划出一条既能全面覆盖测量区域，又能避免测量头与工件发生碰撞的安全路径。为了确保测量结果的准确性和一致性，测量路径规划模块还需要保证测量点的均匀分布。这意味着在测量过程中，测量头在被测物体表面的采样点应该在空间上均匀分布，避免出现采样点过于密集或稀疏的情况。通过合理的路径规划和采样策略，能够使测量数据更加全面地反映被测物体的几何特征，减少测量误差。

测量分析模块则专注于对测量数据进行深入剖析。它运用一系列先进的算法，对采集到的测量数据进行处理和分析。通过这些算法，能够精确计算出工件的各种几何参数，如长度、宽度、高度、角度等。同时，还能对工件的尺寸误差和形状误差进行评估。尺寸误差分析可以确定工件的实际尺寸与设计尺寸之间的偏差，判断工件是否符合生产要求；形状误差分析则通过与标准几何形状进行对比，评估工件表面的平整度、圆柱度、圆度等形状特征是否满足精度要求。测量分析模块输出的这些详细数据和分析结果，为质量控制和生产改进提供了重要依据。

（四）结果输出与报告模块

结果输出与报告模块负责将测量结果以直观、清晰的方式呈现给操作人员，并为质量评估提供有力支持。结果输出模块具备强大的输出功能，能够将测量结果以多种形式展示给用户。其中，图表是一种直观的展示方式，通过绘制二维或三维图表，操作人员可以清晰地看到被测物体的几何形状、测量点分布以及测量结果的变化趋势。例如，在测量一个复杂曲面时，通过三维图表可以直观地呈现曲面的形状偏差情况，帮助操作人员快速了解测量结果。除了图表，结果输出模块还支持多种文件格式的报告输出，如 PDF、Excel 等。PDF 格式的报告具有良好的可读性和兼容性，方便在不同设备和平台上进行查看和打印；Excel 格式则便于用户对数据进行进一步的处理和分析，用户可以根据需要对测量数据进行排序、筛选和统计分析等操作。报告模块则为质量评估提供了自动化支持。它能够根据预先设定的测量标准，自动对测量结果进行判断，生成合格或不合格的结论。这些测量标准通常是根据产品设计要求和行业规范制定的，涵盖了各种几何参数的公差范围和形状误差允许值等信息。报告模块将测量结果与这些标准进行逐一比对，快速准确地给出评估结论。这不仅大大提高了质量评估的效率，还减少了人为因素对评估结果的影响，确保评估结果的客观性和准确性。

二、数据处理与测量控制的集成

三坐标测量机的软件系统需要实现数据处理与测量控制的紧密集成，以保证系统的高效性和精确性。

（一）实时数据处理与测量控制的同步

实时数据处理与测量控制的同步是保障三坐标测量机正常工作的基础，对于确保测量过程中数据的连续性和一致性起着决定性作用。

在三坐标测量机的实际测量过程中，数据采集系统处于持续工作状态，它通过各种高精度传感器实时获取被测物体的坐标信息、测量头的位置反馈以及其他相关参数。这些数据以极高的频率不断产生，并迅速传输至控制模块。控制模块作为整个系统的“大脑”，需要对这些海量数据进行及时处理和分析，以便做出精准的决策来实时调整设备的运动状态。例如，在测量一个复杂曲面时，测量头需要沿着曲面的轮廓进行精确移动。数据采集系统会实时采集测量头在曲面上的每一个位置数据，并将其传输给控制模块。控制模块接收到这些数据后，立即进行分析，判断测量头是否沿着预定路径移动，是否接近目标位置等。如果发现测量头的位置或运动方向出现偏差，控制模块会迅速根据数据分析结果调整电机的驱动信号，使测量头及时纠正偏差，回到正确的测量路径上，确保测量的精确性。这种实时数据处理与测量控制的同步对软件系统提出了极高的要求。软件不仅要具备强大的数据处理能力，能够在短时间内处理大量的实时数据，还要拥有快速的响应机制，以避免数据处理过程中的延迟。哪怕是微小的延迟，都可能导致测量头的运动与实际测量需求之间产生偏差，进而引入误差，影响最终测量结果的准确性。为了满足这些要求，现代三坐标测量机的软件通常采用高效的数据结构和算法，以及多线程、并行计算等技术手段，来提高数据处理的速度和效率，确保数据处理与测量控制能够实时、紧密地同步。

（二）误差修正与补偿技术

在三坐标测量机的测量过程中，不可避免地会受到各种误差源的影响，这些误差如果不加以修正和补偿，将严重降低测量结果的精度。因此，软件系统必须具备强大的误差修正与补偿功能，尤其是针对热误差以及其他常见的机械误差等。

热误差是三坐标测量机在工作过程中面临的一个重要误差源。由于测量过程中设备自身的发热、环境温度的变化以及被测物体的热特性等因素，会导致测量机的各个部件发生热变形。这种热变形会使测量头的实际位置与理论位置产生偏差，从而影响测量结果的准确性。为了有效应对热误差，软件系统采用先进的热补偿算法。这些算法基于对测量机热特性的深入研究和建模，通过在不同位置安装温度传感器，实时监测设备关键部位的温度变化。软件根据采集到的温度数据，结合预先建立的热误差模型，精确计算出由于温度变化引起的热变形量，并相应地调整测量数据或控制测量头的运动，以补偿热误差的影响。除了热误差，机械误差也是影响测量精度的重要因素。机械结构在长期使用过程中可能会出现磨损、松动等问题，导致各轴的运动精度下降，测量头的定位出现偏差。软件系统通过机械误差修正算法，对这些机械误差进行实时监测和补偿。例如，通过对各轴运动的精确测量和分析，建立机械误差模型，软件可以在测量过程中自动调整测量路径和测量点的位置，以抵消机械误差的影响，确保测量结果的精度。这种误差修正与补偿技术在动态测量环境下显得尤为重要。在动态测量过程中，测量机的运动状态不断变化，环境因素也可能随时发生波动，如温度和湿度的变化等。软件系统需要实时感知这些变化，并迅速应用相应的补偿算法，对测量数据进行实时修正，以保证在各种复杂的工作条件下都能获得高精度的测量结果。

（三）精度优化与自适应控制

数据处理与测量控制的集成不仅仅是为了保证测量的准确性，还需要具备精度优化功能，以进一步提高测量效率和质量。这一目标通过自适应控制技术来实现，软件系统能够根据测量的实际数据动态调整测量参数，实现对测量过程的智能优化。

在测量过程中，软件系统会实时分析采集到的测量数据，根据数据的特点和预先设定的精度要求，动态调整测量路径和测量点分布等参数。例如，当测量一个具有复杂几何形状的工件时，软件可以通过对已采集数据的分析，识别出工件表面的关键特征和变化趋势。对于形状变化较大的区域，软件会自动增加测量点的密度，以获取更详细的信息，提高测量精度；而对于形状相对平缓的区域，则适当减少测量点的数量，在保证精度的前提下提高测量效率。

同时，软件系统还具备反馈机制，能够根据测量结果与预期精度之间的偏差，自适应地调整测量策略。如果发现测量结果的精度未达到预期要求，软件会自动重新规划测量路径，或者增加某些关键部位的测量次数，以获取更准确的数据。通过这种不断调整和优化的过程，软件系统能够在保证测量精度的同时，尽可能提高测量效率，减少测量时间和成本。

自适应控制还可以根据测量环境的变化自动调整测量参数。例如，当环境温度、湿度等因素发生变化时，软件系统能够实时感知这些变化，并相应地调整误差补偿参数和测量策略，以确保在不同的环境条件下都能保持较高的测量精度。这种精度优化与自适应控制技术的应用，使得三坐标测量机的软件系统能够根据实际测量情况灵活调整，实现智能化、高效化的测量过程，满足现代制造业对高精度、高效率测量的需求。

三、软件界面的设计与用户体验

三坐标测量机软件的界面设计直接影响操作人员的使用体验。一个直观、易于操作的软件界面能够显著提高工作效率和测量准确性。

（一）界面简洁性与操作便捷性

界面简洁性与操作便捷性是衡量三坐标测量机软件界面设计优劣的重要指标，直接关系到操作人员能否高效、准确完成测量任务。

软件界面首先应呈现出简洁明了的布局，这要求对功能区进行合理划分。三坐标测量机软件涉及众多功能模块，从基本的设备控制到复杂的数据分析，每个功能模块都有其独特的作用。合理划分功能区意味着将相关功能集中展示，使操作人员能够在众多功能中迅速定位所需模块。例如，将操作控制模块中的电机控制、传感器参数设置等紧密相关的功能放置在同一区域，方便操作人员进行集中管理和调整。为了进一步提高操作便捷性，现代三坐标测量机软件通常采用图形化界面（GUI）设计理念。图形化界面利用图标、菜单和快捷按钮等元素，将复杂的功能以直观的视觉形式呈现给用户。图标作为图形化界面的重要组成部分，应具备高度的表意性，通过简洁而形象的图形设计，让操作人员无须文字说明即可快速理解其代表的功能。例如，用一个带有箭头的圆形图标表示设备的旋转控制功能，形象且易于识别。菜单则提供了系统的功能分类导航，操作人员可以通过展开菜单，清晰地浏览和选择各种功能选项。快捷按钮则为常用功能提供了快速访问的途径，操作人员无须在复杂的菜单中层层查找，只需点击相应的快捷按钮，即可迅速执行操作，大大节省了操作时间。

对于测量任务的设置、路径规划以及参数调整等核心操作功能，软件设计应致力于简化操作流程。以测量任务设置为例，传统的操作方式可能需要操作人员在多个对话框中输入大量参数，操作烦琐且容易出错；而优化后的设计可以采用向导式设置界面，按照任务设置的逻辑顺序，逐步引导操作人员完成各项参数的输入，并提供必要的提示信息，减少操作人员的思考和记忆负担。在路径规划方面，软件可以提供可视化的路径编辑工具，操作人员通过简单的拖拽、点击等操作，即可在图形化界面上直观地规划测量路径，避免了复杂的代码输入或文本指令操作。这种简化操作流程的设计理念，能够有效降低操作人员的学习成本，即使是初次接触三坐标测量机软件的用户，也能在短时间内快速上手，熟练掌握各项操作技能。

（二）实时反馈与可视化

实时反馈与可视化是提升三坐标测量机软件用户体验的关键特性，它们为操作人员提供了对测量过程和结果的直观洞察，有助于提高测量的准确性和效率。

软件系统的实时反馈功能是保证操作人员能够及时了解测量状态的重要手段。在测量过程中，软件应实时显示测量数据、进度和结果等关键信息。测量数据的实时显示能够让操作人员及时掌握测量头所获取的坐标信息、测量力等参数，以便及时发现异常情况并进行调整。例如，当测量力超出预设范围时，软件可以通过颜色变化或警示图标等方式提醒操作人员，避免因测量力不当对被测物体或测量设备造成损坏。测量进度的实时反馈则让操作人员能够清晰地了解测量任务的执行情况，预估剩余时间，合理安排工作流程。而实时显示测量结果则使操作人员能够在测量完成的瞬间获取初步数据，及时判断测量是否达到预期目标。

数据的可视化是提升用户体验的重要因素，它将抽象的测量数据转化为直观的图形和图像，帮助操作人员更好地理解和分析测量情况。三坐标测量机软件应提供丰富的图形化展示工具，以满足不同的分析需求。三维模型是一种非常直观的可视化方式，它能够以逼真的立体效果呈现被测物体的几何形状以及测量点在物体表面的分布情况。操作人员可以通过旋转、缩放等操作，从不同角度观察测量情况，直观地发现测量点的覆盖范围是否完整、是否存在遗漏或过度测量的区域。误差图则能够清晰地展示测量结果与理论值之间的偏差情况，通过不同颜色或形状的标记，操作人员可以快速定位误差较大的区域，分析误差产生的原因。表格形式的可视化展示则便于操作人员对具体的数据进行详细查看和对比，如可以将不同测量位置的尺寸数据进行列表展示，方便进行数据分析和统计。这些多样化的图形化展示工具相互配合，为操作人员提供了全面、深入的测量信息，有助于他们做出准确的判断和决策。

（三）个性化设置与用户定制化功能

个性化设置与用户定制化功能是现代三坐标测量机软件界面设计的重要趋势，它充分尊重用户的个性化需求，能够显著提高操作人员的工作效率和使用满意度。

软件界面设计应具备完善的个性化设置功能，允许操作人员根据自身的工作习惯和特定测量任务的需求，对界面进行定制化调整。界面布局的个性化设置是其中的重要组成部分。不同的操作人员在操作习惯和视觉偏好上存在差异，有些操作人员可能更倾向于将常用功能放置在界面的左侧，以便于左手操作；而有些则可能希望将关键信息显示在界面的中心位置，方便快速查看。软件应提供灵活的界面布局调整功能，以满足这些多样化的需求。操作人员可以通过简单的拖拽、排列等操作，自由调整功能模块、信息显示区域的位置和大小，使界面布局更符合自己的使用习惯。

测量参数的个性化定制也是提高操作效率的重要方面。不同的测量任务往往需要不同的测量参数设置，如测量精度要求、采样频率、测量速度等。软件应允许操作人员根据具体测量任务的特点，预先设置和保存不同的测量参数模板。在执行新的测量任务时，操作人员只需选择相应的参数模板，即可快速完成参数设置，无须每次都重新调整，大大节省了时间和精力。

报告格式的定制化功能则为操作人员提供了更加灵活的结果输出方式。在实际工作中，不同的用户可能对测量报告的格式和内容有不同的要求。有些用户可能需要详细的文字描述和数据分析图表，以便进行深入的质量评估；而有些则可能只需要简洁的测量结果汇总表格，用于快速记录和汇报。软件应提供丰富的报告模板编辑功能，操作人员可以根据自己的需求选择不同的模板，或者对现有模板进行修改和定制，添加或删除特定的内容，调整图表样式和排版格式等，生成符合自己要求的测量报告。

第二节　数据采集与处理软件

一、数据采集的技术要求与方法

数据采集作为三坐标测量机测量过程的起始关键步骤，其质量直接决定了最终测量结果的精确程度。高效且精确的数据采集技术对于提升整个测量系统的综合性能具有举足轻重的意义。

（一）采集技术要求

在现代工业测量领域，对于位置信息的精确捕捉达到了前所未有的高要求。传感器作为数据采集的前端设备，需以足够高的采样频率进行数据采集，同时要保证位置信息的精确度能稳定在微米级别。为实现这一严苛的技术要求，系统需要精心选用各类先进的传感器设备。高分辨率的光栅尺凭借其精确的刻度划分和卓越的测量精度，能够将物体的微小位移精确转化为电信号，为测量提供高精度的位置反馈；激光传感器则利用激光的高准直性和干涉原理，以非接触的方式快速获取物体表面的三维信息，尤其适用于对复杂形状物体的快速测量；触摸式探头则通过与物体表面的物理接触，精确感知接触点的位置，在高精度尺寸测量中发挥着不可替代的作用。然而，仅仅拥有高性能的传感器还不足以完成数据采集的使命，系统还必须配备与之相匹配的高性能数据处理单元。这个数据处理单元如同整个采集系统的“大脑”，负责实时接收传感器采集到的数据，并进行初步的处理和分析。它需要具备强大的数据传输能力，确保采集到的数据能够及时、准确地传输到后续的处理环节，同时还要具备高效的数据处理速度，能够在短时间内对大量的原始数据进行解析和预处理，为后续的数据处理和分析提供高质量的数据基础。

（二）采集方法

在面对复杂几何形状的物体时，传统的逐点测量方式往往难以全面、准确地获取物体表面的所有信息。此时，三维扫描技术便成了首选。三维扫描技术通过发射激光束或其他测量信号，对物体表面进行全方位的扫描，能够快速、高效地获取物体表面的三维坐标信息，形成密集的点云数据。这些点云数据如同物体表面的“数字指纹”，精确地记录了物体的几何形状和表面特征。通过专业的软件算法对这些点云数据进行处理和分析，就可以重建出物体的三维模型，为后续的测量和分析提供全面而准确的数据支持。而对于那些对高精度要求极高的尺寸测量任务，触摸式探头或激光测量则成为更为合适的选择。触摸式探头通过与物体表面的精确接触，能够直接获取接触点的位置信息，其测量精度可以达到非常高的水平。在实际操作中，操作人员需要根据测量目标的具体要求，精确控制触摸式探头的运动轨迹，确保能够准确测量到关键位置的尺寸信息。激光测量则利用激光的反射原理，通过测量激光从发射到接收的时间差或相位差，精确计算出物体表面点的位置。这种测量方式不仅具有高精度的特点，而且速度快、非接触，适用于各种材质和形状的物体测量。

在实际应用中，采集方法的选择并非简单随意，而是需要综合考虑物体的材质、形状以及测量目标等多方面因素。例如，对于表面光滑、材质均匀的物体，激光测量可能是一种高效且准确的选择；而对于一些具有复杂纹理或易变形的物体，触摸式探头可能更能保证测量的准确性。此外，测量目标的不同也会影响采集方法的选择。如果测量目标是获取物体的整体形状信息，三维扫描技术无疑是最佳选择；而如果是对特定尺寸进行高精度测量，触摸式探头或激光测量则更为合适。

二、数据处理的关键技术与挑战

（一）关键技术

误差校正与补偿是数据处理过程中不可或缺的重要环节。在三坐标测量机的实际测量过程中，存在着诸多误差源，这些误差会不可避免地影响测量结果的准确性。温度变化是一个常见且不容忽视的误差源，由于温度的波动，测量设备的材料会发生热胀冷缩，从而导致测量结果出现偏差。此外，系统本身也可能存在一些固有的系统误差，如传感器的零点偏移、测量机构的机械误差等。为了有效识别和修正这些误差，数据处理系统需要运用一系列先进的校正技术。基于多次测量数据的拟合算法是一种常用的方法，通过对同一测量点进行多次测量，获取多组数据，然后利用拟合算法对这些数据进行分析和处理，找出数据中的规律和趋势，从而推断出真实的测量值，并对误差进行修正。热补偿模型则是专门针对温度误差而建立的一种校正方法，它通过对测量环境温度的实时监测，并结合测量设备的热特性参数，建立起温度与测量误差之间的数学模型。在数据处理过程中，根据实时监测到的温度值，利用该模型对测量数据进行补偿，从而有效消除温度误差对测量结果的影响。

数据滤波与平滑也是数据处理中的关键技术手段。在数据采集过程中，由于受到各种噪声源的干扰，采集到的数据往往会包含一些噪声成分，这些噪声数据会影响测量数据的可靠性和准确性。为了去除这些噪声数据，提高测量数据的质量，需要运用滤波和平滑算法。

低通滤波器是一种常用的滤波方法，它能够有效地去除高频噪声。其工作原理是通过设计特定的滤波器系数，使得高频信号在通过滤波器时被衰减，而低频信号则能够相对无损地通过，从而达到去除高频噪声的目的。滑动窗口平滑方法则是一种简单而有效的平滑算法，它通过在数据序列上滑动一个固定长度的窗口，对窗口内的数据进行平均或加权平均处理，从而使数据的变化更加平滑，减少噪声的影响。

（二）挑战与解决方案

随着测量精度要求的不断提高，数据处理所涉及的计算量也呈指数级增长。在处理大规模数据时，如何在保证计算精度的前提下，平衡计算量和实时性成为一个亟待解决的难题。

为应对这一挑战，研究人员不断探索和应用各种高效的计算技术。并行计算技术成为提升处理能力的重要手段之一。通过将数据处理任务分解为多个子任务，并同时分配给多个计算核心进行处理，可以大幅缩短计算时间。GPU 计算作为并行计算的一种典型应用，利用图形处理器强大的并行计算能力，能够在短时间内处理大量的数据。与传统的 CPU 计算相比，GPU 计算在处理大规模数据时具有显著的速度优势。分布式计算则是另一种有效的解决方案，它将数据处理任务分散到多个计算节点上进行处理，通过网络连接实现数据的共享和协同计算。这种方式不仅能够充分利用多个计算节点的计算资源提高计算效率，还能够增强系统的可扩展性，适应不断增长的数据处理需求。

三坐标测量机在实际工作中常常会使用多种传感器协同工作，以获取更全面、准确的测量信息。然而，不同传感器由于其工作原理、精度和数据格式的差异，如何有效地处理来自不同传感器的数据，并确保它们能够准确融合，成为数据处理过程中的另一大挑战。为解决这一问题，研究人员开发了多种多传感器数据融合算法。卡尔曼滤波算法是一种经典的数据融合算法，它通过建立状态空间模型，对传感器数据进行最优估计和融合。该算法能够在考虑噪声和不确定性的情况下，有效地融合多个传感器的数据，提高数据的准确性和可靠性。多重假设追踪算法则是一种基于概率推理的融合算法，它通过对不同传感器数据进行多重假设，并根据实际观测数据进行概率计算和更新，最终确定最有可能的融合结果。

第三节　三坐标测量机的应用功能与扩展

一、测量功能的多样化与拓展

（一）多功能集成

现代三坐标测量机的测量功能已远非传统意义上单纯的基本尺寸测量所能涵盖，而是发展成为一个集多种复杂几何特征分析于一体的综合性测量平台。在工业制造中，单纯掌握物体的基本尺寸信息已难以对产品质量与性能进行全面、精准的评估。如今，复杂零部件层出不穷，其形状和位置精度方面的要求愈发严格，这促使三坐标测量机在功能上不断深化和拓展。

基本尺寸测量作为三坐标测量机的基础功能，依然是确保产品符合设计规格的重要环节。通过精确的坐标定位和测量技术，能够对物体的长度、宽度、高度、直径等基本尺寸参数进行高精度测量，为后续的制造工艺调整和质量控制提供基础数据。然而，随着工业产品设计和制造的精细化发展，对复杂几何特征的分析成为三坐标测量机的核心功能之一。形状误差分析旨在精确评估物体实际形状与理论设计形状之间的偏差。在航空航天领域，发动机叶片的形状精度直接影响其空气动力学性能和工作效率。三坐标测量机通过对叶片表面进行密集的采样测量，并运用先进的算法与理论模型进行对比分析，能够准确计算出形状误差，为叶片的制造工艺优化和质量检测提供关键依据。

位置误差测量则聚焦于确定物体各部分之间的相对位置精度。在汽车发动机缸体的制造过程中，各个孔系之间的位置精度对于发动机的装配和性能至关重要。三坐标测量机利用高精度的传感器和先进的测量算法，能够精确测量出各孔系的位置偏差，帮助制造商及时发现并纠正生产过程中的问题，确保产品的装配精度和可靠性。

平面度测量是评估物体表面平整程度的重要手段。在精密机械加工领域，如机床工作台、光学镜片等零部件，平面度的好坏直接影响设备的运行精度和产品的光学性能。三坐标测量机通过在物体表面进行多点测量，并运用最小二乘法等数学方法进行数据处理，能够准确计算出平面度误差，为产品质量控制提供精确数据。

圆度测量则针对圆形零部件，如轴承、齿轮等，精确测量其轮廓与理论圆的偏差程度。在高速旋转的机械部件中，圆度误差可能会导致振动、噪声增加以及部件磨损加剧等问题。三坐标测量机通过高精度的旋转测量系统和先进的数据分析算法，能够对圆形零部件的圆度进行精确测量，为提高产品的旋转精度和可靠性提供有力支持。通过集成上述多种功能模块，三坐标测量机实现了从基本尺寸测量到复杂几何特征分析的全面覆盖，能够满足不同行业、不同产品在各个生产阶段的精密测量需求。无论是航空航天、汽车制造等高端制造业，还是电子、机械加工等传统行业，三坐标测量机都凭借其多功能集成的优势，成为确保产品质量和生产效率的关键工序。

（二）适应性增强

软件的不断扩展成为提升三坐标测量机适应性的核心驱动力，使其能够支持多种不同类型的测量方法，并根据测量物体的特性自动切换到最适合的测量模式，从而实现高效、精准的测量。在测量方法的支持方面，三坐标测量机已不再局限于单一的测量方式，而是融合了接触式、非接触式和激光扫描等多种技术手段。接触式测量方法，如使用触摸式探头，通过与物体表面直接接触来获取精确的位置信息，具有高精度、高可靠性的特点，尤其适用于对尺寸精度要求极高的零部件测量，如精密模具、航空发动机叶片等。在测量过程中，触摸式探头能够精确感知与物体表面的接触点，通过精确的坐标定位和数据采集系统，将接触点的三维坐标信息准确记录下来，为后续的尺寸测量和几何特征分析提供基础数据。

非接触式测量方法则利用光学、电磁等原理，无须与物体表面直接接触即可获取测量数据。这种测量方式具有速度快、对被测物体无损伤等优点，适用于对柔软、易变形或表面不允许有接触痕迹的物体进行测量，如塑料制品、电子元件等。例如，基于光学原理的视觉测量系统，通过高速摄像机采集物体表面的图像信息，并运用图像处理算法对图像进行分析和处理，能够快速获取物体的外形轮廓和尺寸信息。

激光扫描测量作为一种先进的非接触式测量技术，结合了激光的高分辨率和快速扫描能力，能够在短时间内获取物体表面的大量三维坐标信息，形成密集的点云数据。这种测量方法适用于对复杂形状物体的快速建模和测量，如汽车车身、大型雕塑等。激光扫描测量系统通过发射激光束并接收其反射信号，精确计算出激光束与物体表面各点的距离，从而获取物体表面的三维坐标信息。通过对这些点云数据进行处理和分析，可以重建出物体的三维模型，为后续的测量和分析提供全面的数据支持。为了进一步提高测量效率和准确性，三坐标测量机的软件系统具备了智能自动切换测量模式的功能。该功能通过对测量物体的材质、形状、尺寸等特性进行分析和识别，能够自动选择最合适的测量方法和参数设置。例如，当测量一个表面光滑的金属零件时，软件系统可能会根据其材质和形状特点，自动选择接触式测量方法，并优化探头的运动轨迹和测量速度，以确保测量的高精度和高效率；而对于一个具有复杂纹理的塑料制品，软件系统则可能会自动切换到非接触式的视觉测量方法，利用其快速成像和数据分析能力，获取准确的测量结果。这种根据测量物体特性自动切换测量模式的功能，不仅提高了三坐标测量机的适应性和灵活性，还大大减少了操作人员的工作量和人为误差。

二、精度增强与自动化控制

在现代工业制造领域，对于产品质量和生产效率的追求促使三坐标测量机不断向高精度、自动化方向发展。精度增强与自动化控制已然成为三坐标测量机技术演进的关键方向，旨在满足大规模生产过程中对测量精度和效率的严苛要求。

（一）精度增强技术

三坐标测量机的精度是衡量其性能的核心指标，直接关系到工业产品的质量和生产工艺的稳定性。随着工业制造精度要求的不断提高，三坐标测量机的精度增强技术也在持续创新和发展，其中实时补偿技术和多传感器协同工作发挥着至关重要的作用。

实时补偿技术是针对测量过程中各种误差源对测量结果的影响而发展起来的一种动态修正方法。在实际测量环境中，多种因素会导致测量误差的产生，如温度变化、机械振动、零部件磨损等。这些误差如果不加以有效补偿，将会严重影响测量结果的准确性。以温度变化为例，温度的波动会引起测量机结构的热膨胀或收缩，进而导致测量轴的长度发生变化，最终影响测量精度。为了应对这一问题，热补偿模型应运而生。通过在测量机关键部位安装高精度的温度传感器，实时监测环境温度和测量机自身的温度变化。而后，基于热传导理论和材料热膨胀特性，构建起精确的热补偿数学模型。该模型能够根据实时温度数据，计算出测量轴因温度变化而产生的长度变化量，并将这一补偿值实时反馈给测量控制系统，对测量结果进行修正，从而有效减少温度变化对测量精度的影响。

动态校准技术也是实时补偿技术的重要组成部分。在测量机运行过程中，由于机械运动部件的磨损、振动等因素，测量机的几何精度会逐渐发生变化。动态校准技术通过在测量过程中实时监测测量机的运动状态和几何参数，利用先进的传感器技术和算法，对测量机的误差进行实时评估和修正。例如，采用激光干涉仪对测量轴的直线度、垂直度等几何参数进行实时监测，一旦发现偏差超出允许范围，系统立即自动调整测量机的运动参数，确保测量过程始终保持高精度。

多传感器协同工作是提升三坐标测量机精度的另一个重要途径。不同类型的传感器在测量原理、精度和适用范围上各有优劣。通过将多种传感器有机结合，充分发挥它们的优势，可以实现更全面、更精确的测量。例如，将高精度的接触式探头与非接触式的激光位移传感器相结合。接触式探头在测量一些规则形状、表面质量较高的物体时，能够提供极高的测量精度；而激光位移传感器则擅长对复杂形状、表面不连续或易变形的物体进行快速测量。在实际测量过程中，智能控制系统会根据被测量物体的形状、材质等特性自动选择合适的传感器进行测量。对于一些关键尺寸和特征，利用接触式探头进行精确测量；对于大面积的表面形状和轮廓测量，则采用激光位移传感器快速获取数据。随后，通过数据融合算法将两种传感器获取的数据进行整合和处理，得到更加准确、完整的测量结果。

多传感器协同工作还可以通过相互验证和补充来提高测量的可靠性。例如，在测量一个具有复杂曲面的零部件时，接触式探头和激光位移传感器分别从不同角度和方式获取测量数据。如果两种传感器测量得到的同一部位的数据相互吻合，则进一步验证了测量结果的准确性；如果出现偏差，系统可以自动进行再次测量和分析，找出可能存在的问题并进行修正，从而有效提高了测量的可靠性和精度。

（二）自动化控制系统

自动化控制系统是三坐标测量机实现高效、精准测量的核心支撑，通过引入智能控制算法，极大地提升了测量机的自动化水平和测量效率，使其能够更好适应现代工业复杂多变的生产需求。

在测量路径规划方面，传统的人工规划方式不仅效率低下，而且容易受到人为因素的影响，导致测量路径不合理，进而影响测量效率和精度。智能控制算法通过对测量物体的三维模型进行分析，结合测量机的运动学模型和传感器的工作范围，自动生成最优的测量路径。该算法考虑了测量机各轴的运动速度、加速度限制以及传感器的采样频率等因素，确保测量路径既能够覆盖所有需要测量的部位，又能最大程度地减少测量机的运动时间和空间行程，从而提高测量效率。

测量头的自动选择也是自动化控制系统的重要功能之一。不同类型的测量任务需要使用不同类型的测量头，以达到最佳的测量效果。例如，对于高精度的尺寸测量，通常需要使用精度较高的红宝石探头；而对于一些表面粗糙或形状复杂的物体，则可能需要选择具有更大测量范围和适应性的探头。自动化控制系统能够根据测量任务的要求和测量物体的特性，自动从测量头库中选择合适的测量头，并将其安装到测量机上。

实时反馈调整机制是自动化控制系统实现高精度测量的关键环节。在测量过程中，由于各种因素的影响，测量结果可能会出现偏差。自动化控制系统通过在测量机上安装多个传感器，实时监测测量过程中的各种参数，如测量头的位置、测量力、环境温度等。一旦发现测量结果与理论值存在偏差，系统立即根据预设的算法进行分析，找出偏差产生的原因，并自动调整测量机的运动参数、测量力或其他相关参数，对测量过程进行实时修正。例如，当测量力发生变化导致测量结果不准确时，系统能够自动调整测量头的进给速度和压力，确保测量力始终保持在合适的范围内，从而保证测量精度。

自动化技术的广泛应用使得三坐标测量机能够适应更为复杂和多样化的测量任务。在大规模生产线上，三坐标测量机可以与生产设备无缝集成，实现自动化的在线测量。通过自动化控制系统，测量机能够按照预设的程序自动对生产线上的产品进行快速、准确地测量，并将测量结果实时反馈给生产控制系统。如果发现产品尺寸或形状超出公差范围，生产控制系统可以立即采取措施，如调整生产工艺参数、剔除不合格产品等，从而有效保证产品质量，提高生产效率。

三、行业扩展功能与多样化应用

随着技术的进步，三坐标测量机的应用场景越来越广泛，涵盖了汽车、航空航天、模具制造、电子、医疗等多个行业。

（一）行业定制化功能

三坐标测量机软件系统的行业定制化功能是其能够在不同领域大放异彩的关键特性之一。不同行业由于产品特性、生产工艺以及质量标准的差异，对测量功能有着独特且精准的需求。三坐标测量机软件系统正是基于这种行业特异性，通过深度定制开发实现了测量功能与行业需求的高度契合。

在航空航天领域，作为现代高端制造业的代表，对零部件的精度和质量要求近乎苛刻。以航空发动机叶片为例，其复杂的曲面形状和高精度的制造要求，决定了测量过程需要极高的精度和专业性。三坐标测量机软件系统针对这一需求开发了专门的叶片测量功能模块。该模块运用先进的算法和高精度的传感器技术，能够对叶片的型面轮廓进行精确测量，不仅可以获取叶片的基本尺寸信息，还能对叶片的扭曲度、厚度变化等复杂几何特征进行深入分析，测量精度可达到微米级别。同时，在复合材料检测方面，航空航天领域大量使用的复合材料具有特殊的结构和性能，其内部可能存在分层、气孔等缺陷。三坐标测量机软件系统集成了针对复合材料的无损检测技术，如超声检测、X 射线检测等功能模块，通过多物理场耦合分析算法，能够准确识别复合材料内部的缺陷位置、大小和分布情况，为航空航天产品的质量控制提供了关键数据支持，从而确保飞行器在极端环境下的安全可靠运行。

汽车工业作为大规模生产的典型行业，对零部件的尺寸精度和形状误差分析极为重视，因为这直接关系到产品的互换性和装配精度，影响整车的质量与性能。三坐标测量机软件系统针对汽车零部件的特点，开发了一系列实用的测量功能。在发动机缸体、缸盖等关键零部件的测量中，软件系统能够快速准确地测量各个孔径、缸筒的圆柱度、平面度等尺寸和形状参数，并与设计模型进行实时比对，通过偏差分析功能直观展示出加工误差的大小和位置。对于汽车车身的测量，软件系统具备强大的三维坐标测量和数据分析能力，能够对车身的整体尺寸精度、各部件之间的位置关系进行精确评估，通过建立车身坐标系和数字化转型，实现对车身制造过程的全面监控和质量追溯。此外，针对汽车内饰件等具有复杂曲面的零部件，软件系统还集成了曲面拟合和轮廓度分析功能，能够精确测量内饰件的表面形状误差，确保其外观质量和人机工程学性能符合设计要求，提升汽车的整体品质和用户体验。

模具制造行业以其高精度、高复杂度的加工特点，对三坐标测量机的测量功能也提出了独特要求。模具的制造精度直接影响最终产品的质量和生产效率。三坐标测量机软件系统为模具制造行业定制了专门的模具测量功能包。在模具的设计和制造阶段，软件系统能够对模具的型号、型腔等关键部位进行高精度的三维测量，通过与CAD模型的精确比对，快速检测出模具加工过程中的尺寸偏差和形状误差，为模具的调试和修正提供准确的数据依据。同时，针对模具表面的粗糙度和纹理要求，软件系统配备了高精度的表面粗糙度测量模块，能够对模具表面进行微观测量和分析，确保模具表面质量符合生产工艺要求。在模具的验收阶段，软件系统可以生成详细的测量报告，全面记录模具的各项测量数据和误差分析结果，为模具的质量验收提供客观、准确的依据，保障模具的质量和性能满足生产需求。

（二）多样化应用

三坐标测量机软件系统的功能拓展和升级，使其应用领域远远超越了传统的制造业范畴，成功涉足电子产品检测、医疗器械质量控制、文化遗产保护等多个新兴领域，展现出强大的适应性和广泛的应用潜力。

在电子产品检测领域，随着电子产品向小型化、集成化、高性能化方向发展，对电子元器件和电路板的制造精度要求越来越高。三坐标测量机软件系统凭借其高精度的测量能力和灵活的测量方式，成为电子产品检测的重要工具。对于微小的电子芯片，软件系统能够利用高精度的光学测量技术和先进的图像处理算法，对芯片的引脚间距、尺寸精度、表面平整度等参数进行精确测量，确保芯片的封装质量和电气性能符合标准。在电路板组装检测方面，软件系统可以通过激光扫描和视觉识别技术，对电路板上的元器件位置、焊接质量进行快速检测，能够准确识别出元器件的偏移、漏焊、虚焊等缺陷，实现对电路板生产过程的全面质量监控，提高电子产品的生产良品率和可靠性。

医疗器械质量控制关乎患者的生命健康和安全，对测量精度和可靠性有着极高的要求。三坐标测量机软件系统在医疗器械制造过程中发挥着至关重要的作用。在骨科植入物的生产中，软件系统能够对植入物的尺寸、形状、表面粗糙度等关键参数进行精确测量，确保植入物与人体骨骼的匹配度和生物相容性。对于心脏起搏器、胰岛素泵等精密医疗器械，软件系统可以对其内部的微小零部件进行高精度测量，保证器械的性能稳定和运行安全。同时，在医疗器械的研发阶段，三坐标测量机软件系统可以为新产品的设计和优化提供大量的测量数据支持，帮助研发人员更好地理解产品的性能和质量特性，加速医疗器械的创新和升级。

文化遗产保护领域是三坐标测量机软件系统应用的一个新兴且具有重要意义的方向。文化遗产作为人类文明的瑰宝，承载着丰富的历史和文化价值。然而，由于年代久远和自然环境的侵蚀，许多文化遗产面临着损坏和消失的风险。三坐标测量机软件系统通过数字化测量技术，为文化遗产的保护和修复提供了科学、有效的手段。在古建筑测绘方面，软件系统可以利用激光扫描技术对古建筑的整体结构和外观进行高精度的三维建模，获取建筑的详细尺寸、形状和纹理信息，为古建筑的保护规划和修复方案制定提供准确的数据基础。对于文物的保护和修复，软件系统能够对文物的表面形状、损伤情况进行精确测量和分析，通过数字化技术实现文物的虚拟修复和复原，为文物修复师提供重要的参考依据，同时也为文化遗产的数字化展示和传承提供丰富的素材。

第五章　三坐标测量机的工业应用案例

第一节　精密机械加工中的应用

三坐标测量机作为现代化自动测量技术的杰出代表，充分彰显了高精度、高效率自动化测量技术的发展成果。其在精密机械加工领域的应用，极大地提升了产品质量检测的精度与效率。按机构形式划分，三坐标测量机涵盖桥式、龙门式、便携式、悬臂式等多种类型。其中，桥式结构以其稳定性、通用性以及广泛的适用性，成为最为普遍的结构形式。多数公司所配备的三坐标测量机均采用桥式结构，这种结构不仅适用于日常生产中的零件测量，也非常适合在教学场景中向学生传授测量技术与原理，为培养专业测量人才提供了良好的实践平台。

三坐标测量机的测量原理基于精确获取零件表面的空间三坐标值。通过先进的传感器技术和精确的运动控制，测量机能够精确探测零件表面的各个点的坐标位置。这些离散的点数据经过特定的算法进行拟合，从而形成线、面、圆柱、球等各种测量元素。基于这些测量元素，运用复杂的数学计算方法，能够得出零件的形状、位置及其他几何量数据。由此可见，精确测量零件表面点的坐标，无疑是准确评价零件形状、位置等几何量误差的基石。然而，在实际应用中，三坐标测量机的应用潜力并未得到充分发挥。一方面，三坐标测量机的操作使用对操作人员的专业知识要求较高。操作人员不仅需要掌握测量机的基本操作技能，还需要具备深厚的测量原理、数学算法以及相关软件编程知识。非专业人员在面对后期的编程等复杂操作时，往往会感到力不从心。另一方面，当前测量方法尚未形成统一标准。例如，在测点的选取方面，点的个数、位置等缺乏明确的规范，这使得不同的操作人员在测量同一工件时，可能会得出不同的测量结果。这种不确定性在一定程度上限制了三坐标测量机的广泛应用。目前，企业和高校在工件检测和实践教学过程中，大多依赖经验丰富的测量人员来完成相关工作，这不仅增加了人力成本，也难以保证测量结果的一致性和可靠性。

案例以 Daisy 8106 型三坐标测量机为例，搭配 AC-DMIS 通用型测量软件，并结合实际实践教学经验，对三坐标测量机的测量过程展开深入分析，尽可能排除人员因素、经验差异以及特殊工件带来的干扰，提出一套具有普遍适用性的测量流程。该流程涵盖分析工件图纸、设计测量方案、完成测量过程、评价测量结果及打印测量报告等关键环节。这不仅有助于三坐标测量机的初学人员快速学习和巩固相关知识与技能，也是推动测量人员形成良好测量习惯和标准测量流程的重要知识支撑，对于提高三坐标测量机在精密机械加工领域的应用水平具有重要意义。

一、测量要求与流程

三坐标测量机作为一种高度精密的测量设备，其测量精度极易受到工作环境的影响。因此，对工作环境有着极为严格的要求。温度方面，需严格控制在（20±2）℃的范围内。这是因为温度的变化会导致测量机的零部件发生热胀冷缩，从而影响测量机的几何精度和测量准确性。例如，当温度升高时，测量机的导轨可能会膨胀变长，导致测量的长度尺寸出现偏差；湿度应控制在 40％～60％之间，适宜的湿度环境能够防止测量机内部的电子元件受潮损坏，同时避免因湿度变化引起的零件表面吸附水分，影响测量精度。此外，良好的防振措施也是必不可少的。测量机在工作过程中，任何微小的振动都可能干扰测量信号，导致测量结果出现波动。

在进行测量之前，深入分析图纸是至关重要的第一步。通过仔细研读图纸要求，能够明确被测量的具体参数和几何特征，进而对整个测量过程进行大致规划。其中，基准的选择是关键环节之一。基准作为测量的参考依据，其准确性直接影响后续测量结果的可靠性。例如，在测量一个具有多个孔的零件时，选择合适的平面或轴线作为基准，可以确保各个孔的位置精度测量准确。同时，测点的布置也需要精心设计。合理的测点布置能够全面反映零件的几何形状和尺寸信息，提高测量精度。例如，对于一个复杂曲面的零件，需要在曲面的关键部位和曲率变化较大的区域合理布置测点，以获取准确的曲面数据。

选择合适的测头并进行精确的测头校验是测量流程中的重要步骤。测头作为直接与工件接触获取测量数据的部件，其精度对测量结果有着决定性影响。不同的测量任务需要选择不同类型的测头，如触发式测头适用于快速获取离散点的坐标，而扫描式测头则更适合对复杂曲面进行连续测量。在进行测头校验时，一般使用标准球作为基准。测点方法通常采用五点法，即在标准球顶部取一点，赤道上均匀测四点。这样的测点分布能够全面反映测头的性能参数。校验过程中，测座、测头、标准球均要固定牢固，且表面必须保持洁净。任何微小的松动或表面杂质都可能导致校验结果不准确，进而影响测量结果的可靠性。测头校验作为开始测量的首要环节，对测量结果的准确性有着重大影响，因此必须给予足够的重视。

为了避免在测量过程中使用机器坐标系带来的不便和误差，开始测量前需要建立工件坐标系。建立合适的工件坐标系是三坐标测量机后续测量工作的基础。一个合理的坐标系不仅有助于提高测量精度，还能显著提升测量效率。批量检测时，在编程中建立适当的坐标系可以大大降低操作人员的工作强度，提高测量速率。常见的建立坐标系的方法主要有以下三种。

（一）工件位置找正

该方法主要应用于测量规则几何工件时建立坐标系，对三维模型的存在与否没有要求。运用此方法建立工件坐标系时，必须严格遵守“321”法则。首先，在待测工件上采集三个以上的点来确定基准平面。这些点的选择应尽可能分布均匀，以确保基准平面的准确性。例如，对于一个长方体工件，可以在其一个平面的三个角上采集点来确定基准平面。其次，在工件上测量两个以上的点来确定基准线。这些点应位于与基准平面垂直的方向上，以确定基准线的方向。最后，确定基准点，完成坐标系的建立。基准点的选择通常是基准线与基准平面的交点，或者是工件上具有明确几何特征的点。通过这种方法建立的坐标系，能够与工件的实际几何特征紧密结合，便于后续的测量工作。

（二）RPS 找正

运用 RPS 找正建立工件坐标系需要三维模型的支持。该方法主要针对一些特殊情况，如原点不在工件本身或无法直接找到相应的基准元素的工件。这类工件常见于曲面薄壁、钣金类零件，如汽车、飞机的配件。这些零件的坐标系往往需要与车身或机身的整体坐标系相匹配，因此多采用 RPS 找正方法。在实际操作中，通过将工件的三维模型与测量机的坐标系进行匹配，利用模型中的特征点和约束条件，确定工件在测量空间中的位置和方向，从而建立起合适的工件坐标系。

（三）三个中心点找正

三个中心点找正建立坐标系的方法简称三点找正，同样需要三维模型的辅助。该方法主要针对一些特殊工件，这些工件需要通过三个中心点来确定其在测量空间中的位置。其中，这 3 个中心点必须是空间的非矢量元素，能够确定准确的位置。这些元素包括点、圆、椭圆、球、方槽、圆槽等。需要注意的是，点必须采点位置准确，而圆、椭圆、方槽、圆槽必须经过投影处理后才可用于建立坐标系。例如，对于一个具有复杂形状的工件，可能通过在其关键部位选取三个圆的圆心作为中心点，经过投影计算后，确定工件的位置和方向，进而建立坐标系。

在测量过程中，工件的摆放方式对测量结果的准确性和测量效率有着重要影响。为了保证测量的顺利进行，需要确保工件测点顺序与测针移动方向一致。这样可以使测头在测量过程中的移动更加合理、安全，避免因测头与工件之间的碰撞或干涉而导致测量误差或设备损坏。三坐标测量机通过拾取表面点的空间坐标来完成各种几何量数据的测量，因此，测点个数及位置的选取至关重要。从理论上讲，采点越多，测量结果越接近真实值，合理增加测量点数可以有效降低测量的不确定度。在实际操作中，采样点应尽可能多且分布均匀，全面覆盖整个元素范围，并符合元素测量采样规律。例如，对于一个圆柱面的测量，测点应均匀分布在圆柱面的圆周和轴向上，以获取准确的圆柱形状和尺寸信息。此外，也可通过数学计算的方法来分析点的个数和位置。Kim 等人的研究表明，测点数与测量结果的精确性之间存在正相关关系，即测点数越多，测量结果越精确。然而，在实际生产应用中，由于受到测量时间和成本的限制，该方法的应用相对较少，更多的是依据经验和少量的测点来确定测量结果。特别是在企业的批量检测过程中，过多的测点数会显著降低测量效率。因此，需要根据具体的测量任务及精度要求，综合考虑确定测量位置及点数。

三坐标测量机在拾取空间采样点坐标后，需要经过一系列复杂的数学运算才能得到零件的几何参数误差。在实际应用中，多采用最小二乘法。最小二乘法是一种在数据处理和曲线拟合中广泛应用的数学方法，它通过最小化误差的平方和来确定最佳的拟合曲线或平面。在三坐标测量中，最小二乘法能够有效地处理测量得到的离散点数据，拟合出与实际零件几何形状最接近的数学模型，从而准确计算出零件的各种几何参数误差，为产品质量的评估提供可靠的数据支持。

二、测量结果评价与误差来源分析

测量过程完成后，对测量结果进行全面、深入的分析与评定，尤其是对误差来源进行详细剖析，是高精度产品检验必不可少的重要环节。这不仅直接影响产品的最终评定结果，也是衡量测量可靠性的重要指标。在定量分析中，测量不确定度是描述测量结果可靠性的关键参数，它综合反映了各种因素对测量结果的影响程度。测量不确定度的影响因素主要有以下几个方面。

（一）方法误差

主要指由于测量方法本身存在的不完善性而引起的误差。其中涉及多个方面，如采点个数及位置的选择是否合理。如果采点个数过少或位置分布不合理，可能无法准确反映零件的真实几何形状，从而导致测量结果出现偏差。基准的选择与测量也是影响方法误差的重要因素。若基准选择不当，或者在测量基准时出现误差，那么后续基于该基准进行的所有测量都可能产生较大的偏差。此外，工件安装是否合理也会对测量结果产生影响。例如，工件安装不牢固或安装位置不准确，在测量过程中可能会发生微小的位移，从而引入测量误差。因此，测量方法的选择必须建立在对图纸与零件装配、功用等方面进行透彻分析的基础上。对于一些不明确的地方，应由经验丰富的专业人员进行判断和把握，以尽可能减少方法误差对测量结果的影响。

（二）设备误差

指由测量设备本身存在的误差而引起的测量误差。一般用测量机的示值误差或不确定度来表示。这一误差与机器的使用工况密切相关，如测量机的长期使用、零部件的磨损、环境因素的变化等都可能导致测量机的精度下降，从而产生设备误差。因此，三坐标测量机的日常维护保养及定期的精度补偿至关重要。通过定期对测量机进行清洁、润滑、校准等维护工作，可以确保测量机的各项性能指标保持在良好状态。同时，采用先进的误差补偿技术，对测量机的系统误差进行修正，能够有效提高测量精度。另外，测头部分也是设备误差的重要来源之一。例如，测座在不同角度旋转定位时，可能会由于机械结构的精度问题或传感器的误差，产生定位偏差，进而影响测量结果的准确性。误差补偿技术作为修正测量设备误差的重要手段，一直是科研工作者深入研究的领域，也是未来提高三坐标测量机测量精度的主要发展趋势。

（三）人员误差

指测量人员由于自身能力的限制，在测量过程中引入的误差。例如，手动采点时，由于测量人员操作手法的差异，如测量速度、方向、力度的不同，可能会导致采点位置出现偏差，从而影响测量结果的准确性。为了减小人员误差，测量人员在工作过程中应尽量保持各种测量影响因素的一致性，并将其降低到最低程度。例如，在手动采点时，保持相同的测量力，使测量速度均匀过渡，避免突然的加速或减速。此外，应尽量使用三坐标测量机的自动测量模式。自动测量模式通过精确的程序控制和传感器反馈，能够有效减少人为因素的干扰，提高测量的重复性和准确性。

（四）环境误差

指由于环境因素与测量设备规定的标准状态不一致而引起的误差。环境因素涵盖多个方面，如温度、湿度、气压、振动、灰尘等。其中，温度对测量精度的影响最为显著。三坐标测量机工作时的温度要求严格控制在(20±2)℃，这是因为温度的变化会导致测量机的零部件和被测工件发生热胀冷缩，从而改变它们的几何尺寸和形状。例如，当温度升高时，测量机的导轨会膨胀变长，被测工件的尺寸也会相应增大，这将导致测量结果出现偏差。因此，为了确保测量精度，必须严格控制测量环境的温度，使其保持在规定的范围内。同时，也要关注其他环境因素的影响，采取相应的措施进行控制和补偿，以降低环境误差对测量结果的影响。

三坐标测量机作为一种精密检测手段，其测量过程涉及多个环节，每个环节都对测量结果的准确性和可靠性有着重要影响。本部分针对测量过程的主要环节进行了详细分析，包括对测量环境的严格要求、测头校验的关键步骤、建立工件坐标系的多种方法、工件位置摆放的注意事项以及采点个数与位置的选取原则等。同时，深入讨论了测量过程中误差产生的原因，包括方法误差、设备误差、人员误差和环境误差，并提出了相应的应对策略。实践证明，只有严格遵循规范的测量操作流程，并对测量结果进行深入的误差分析，才能充分发挥三坐标测量机的高精度、高效率优势，实现对精密机械加工产品的准确检测。这不仅是保证产品质量的关键，也是测量人员应具备的重要素养要求。

第二节　汽车制造与航空航天领域的应用

一、汽车制造中的检测需求与应用

在汽车制造这一复杂且高度精密的产业领域，检测环节处于至关重要的地位，它犹如一条无形的纽带，紧密贯穿于汽车生产的每一个环节，是确保汽车产品质量、性能以及安全性的核心要素。汽车起重机作为工程领域不可或缺的重要机械设备，其结构件的质量状况直接决定了设备的整体性能与操作安全。这是因为汽车起重机在实际作业过程中，需要承受巨大的荷载以及复杂多变的力学环境，结构件的任何细微缺陷都可能在长期使用中被放大，进而引发严重的安全事故。

尤其是结构件对尺寸及形位公差有着极为严格的要求，这是保障起重机各部件之间精准配合、稳定运行以及安全作业的基石。尺寸公差决定了各个部件能否准确安装就位，而形位公差则确保了部件在空间中的相对位置精度，二者共同作用，使得起重机在运行过程中能够保持平稳、高效的工作状态。

在众多的检测手段中，传统的一般量具在面对汽车起重机结构件的某些关键尺寸及形位公差检测时，往往暴露出诸多局限性。例如，一些重要的尺寸及形位公差由于精度要求极高，普通量具的测量精度远远无法满足实际需求。普通量具的测量误差可能会导致对产品质量的误判，这种误判在汽车起重机这样的大型机械设备制造中后果不堪设想，极有可能影响整个产品的性能和安全性，埋下严重的安全隐患。因此，在汽车起重机结构件的检测工作中，迫切需要更为精准、高效的检测设备和方法，三坐标测量机便在这样的背景下应运而生。它凭借其高精度、高灵活性以及强大的数据处理能力，成为汽车起重机结构件检测领域不可或缺的重要工具，为汽车制造行业的质量控制提供了坚实的技术支撑。

（一）建立坐标系

汽车起重机转台卷扬箱作为转台结构件的核心组成部分，其结构设计极为复杂且对尺寸精度要求近乎苛刻。通过对图 5-1（汽车起重机转台卷扬箱的剖视图）的深入细致分析，可以清晰地识别出一些关键尺寸、公差，这些尺寸和公差对于转台卷扬箱的正常运行以及与其他部件的协同配合起着决定性作用。

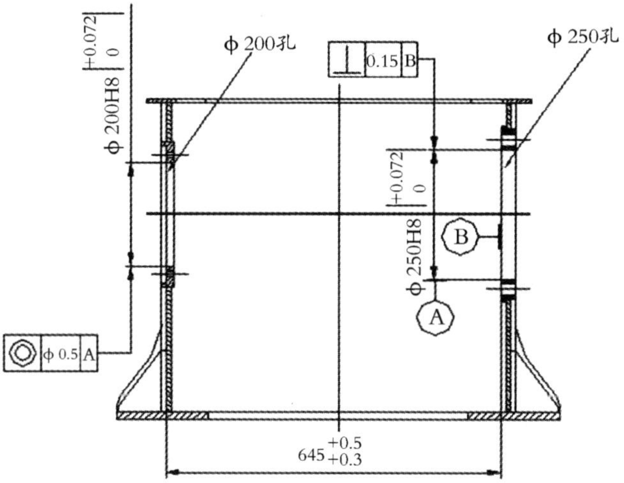

图 5-1 汽车起重机转台卷扬箱的剖视图

具体而言，关键公差、尺寸主要涵盖以下几个方面。

第一，φ200 卷扬安装孔的同轴度，即 φ200 孔对于 A 基准的同轴度。同轴度是衡量两个或多个圆柱面轴线是否重合的关键指标，在汽车起重机转台卷扬箱中，该同轴度的精确与否直接关系到卷扬装置能否平稳运行。若同轴度出现偏差，在卷扬过程中，卷扬装置的各个部件之间的相对位置会发生变化，从而引发振动和噪声增大的问题。更为严重的是，这可能导致起吊作业的准确性下降，影响起吊重物的稳定性，甚至危及操作人员的安全以及周围环境的安全。

第二，公共轴线与 φ250 卷扬安装孔端面的垂直度。垂直度的精确控制对于保证卷扬安装孔与公共轴线之间的正确位置关系至关重要。在力学原理上，若垂直度出现偏差，卷扬装置在运行过程中会受到额外的侧向力，这将使得部件承受不均匀的应力分布。长期处于这种应力环境下，部件会加速磨损，降低设备的使用寿命。同时，这种额外的应力还可能影响起重机整体的稳定性，在起吊重物时增加倾翻的风险。

第三，φ250 卷扬安装孔内端面到 φ200 外端面的长度为 $645^{+0.5}_{+0.3}$ mm。这一尺寸的精度要求严格，其公差范围的设定是基于对转台卷扬箱各部件之间合理装配间隙的精确考量。合适的装配间隙能够保证各部件在工作过程中能够自由活动，避免因尺寸偏差导致的干涉现象，防止部件之间发生硬性碰撞而损坏。同时，也能防止因间隙过大而产生的松动现象，确保整个结构的紧密性和稳定性。

以上这些关键公差、尺寸，使用传统的游标卡尺和钢卷尺等量具无法满足测量要求。游标卡尺的测量精度通常在 0.02～0.10 mm，对于高精度的尺寸测量难以达到准确结果；钢卷尺不仅精度有限，其最小刻度一般为 1 mm，且在测量一些复杂结构的尺寸时，由于其自身的柔韧性和操作的局限性，操作不便，难以保证测量的准确性，更无法满足图纸要求的分辨率。因此，三坐标测量机凭借其卓越的精度和强大的功能，成为测量这些关键尺寸和公差的不二之选。

建立坐标系是使用三坐标测量机进行精确测量的基础，其过程需要严格按照一定的步骤和标准进行操作，以确保测量结果的准确性和可靠性。具体步骤如下。

1. 找正平面

以转台的法兰平面为基准面，将其设定为坐标系的面。转台的法兰平面具有良好的平面度和稳定性，选择其作为基准面可以为后续的测量提供一个稳定、可靠的参考平面，确保测量数据的准确性和一致性。在实际操作中，需要使用高精度的平面度测量仪对法兰平面进行精确测量，以确定其平面度是否满足测量要求。通常平面度的误差应控制在极小范围内，如不超过 ±0.01 mm，以保证基准面的精度。

2. 旋转轴线

以吊臂铰接点孔中心点与变幅油缸铰接点孔的中心点连线作为旋转轴线。这一轴线的确定对于建立正确的坐标系至关重要，它能够使三坐标测量机的测量方向与转台结构件的实际工作方向相匹配。三坐标软件会自动绕平面的法线找正，通过精确的算法和数据处理，确保测量坐标系与实际物理坐标系的精确对齐。在实际操作中，需要使用激光测距仪等高精度的测量仪器对吊臂铰接点孔中心点和变幅油缸铰接点孔的中心点进行精确测量，以确定连线的准确性。测量过程中，要保证测量误差控制在微米级别，如不超过±5 μm，以确保轴线的精度。

3. 设置零点

把变幅油缸铰接点孔的中心点设置为零点。零点的设置为整个测量坐标系提供了一个基准点，所有的测量数据都将以该零点为参考进行计算。在设置零点时，需要严格按照操作规程进行，使用专业的定位工具确保零点的位置准确无误。同时，在测量过程中，要定期对零点进行校准和检查，以防止零点位置发生偏移而影响测量结果的准确性。校准周期可根据实际测量任务的精度要求和测量频率来确定，一般建议每完成 10 ～20 次测量进行一次零点校准。

（二）测量时注意事项

在使用三坐标测量机对汽车起重机转台结构件进行测量时，为了确保测量结果的准确性和可靠性，需要注意诸多细节问题。下面以转台上的形位公差测量为例，详细阐述测量时应重点关注的事项。

1. 测量同轴度的注意事项

测量转台上两个吊臂铰接点孔的同轴度，通常采用定义法测量，如图 5-2（起重机转台前端剖视图）所示。在这种测量方法中，把 A 孔设为基准圆柱并在圆柱上测量得出两个截面圆，用两个截面圆的圆心连线作基准轴。把 B 孔设为被测圆柱，同样在圆柱上测量得出两个截面圆，两个截面圆的圆心构造一条直线。然后通过特定的算法计算 A 孔和 B 孔的同轴度。然而，从图中可以看出，基准上 A、B 两孔内侧截面圆间的距离为 100 mm，如果 B 孔内侧截面圆的圆心位置与 A 孔内侧截面圆的圆心有 2 μm 的测量误差，那么基准轴线延伸到 B 孔内侧截面圆时已偏离约为 16 μm，此时计算出的同轴度结果约为 33 μm（同轴度公差值=50 μm×2）。由此可见，传统定义法在测量同轴度时，由于测量误差的存在，可能会导致测量结果出现较大偏差，影响对产品质量的准确判断。

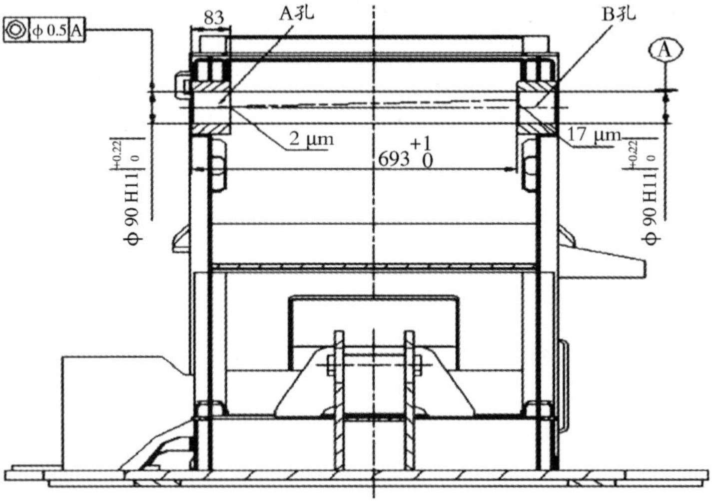

图 5-2 起重机转台前端剖视图

为了有效减少测量误差，提高同轴度测量的准确性，可以采用以下两种更为精确的测量方法。

（1）公共轴线法

在被测圆柱上测量多个截面圆，将这些圆的圆心拟合一条轴线，该轴线即作为公共轴线，然后分别计算被测圆心对公共轴线的同心度，取其最大值作为该零件的同轴度。这种方法通过对多个截面圆的测量和数据拟合，能够有效降低单个截面圆测量误差对整体同轴度测量结果的影响，提高测量的准确性和可靠性。在实际操作中，需要根据被测圆柱的长度和精度要求，合理确定测量截面圆的数量和位置，以确保测量结果的代表性和准确性。一般来说，对于长度较长、精度要求较高的圆柱，建议测量 8～12 个截面圆，且均匀分布在圆柱的轴向上。

（2）直线度法

在被测圆柱上测量 3 个以上的截面圆，将这些圆心拟合成一条线，计算直线度，得到的直线度值近似为同轴度。这种方法基于数学原理，通过对多个圆心的拟合和直线度计算，能够更为准确地反映被测圆柱的同轴度情况。

与传统定义法相比，直线度法能够有效减少测量误差的累积，提高测量结果的精度。在实际应用中，需要使用专业的测量软件对测量数据进行处理和分析，以确保直线度计算的准确性。测量软件应具备高精度的算法和数据拟合功能，能够对测量数据进行实时处理和分析，得出准确的直线度值。

为了直观地展示不同测量方法对同轴度测量结果的影响，表 5-1 列出了用不同方法测量得出的同轴度值（单位：mm）。通过对表中数据的分析，可以清晰地看到公共轴线法和直线度法在测量精度上明显优于传统的定义法，能够为产品质量检测提供更为准确的数据支持。

表 5-1　不同方法测量数据　（单位：mm）

被测元素	定义法	公共轴线法	直线度法
以 B 孔为基准评价 A 孔的同轴度	ϕ0.1034/ϕ0.0965	ϕ0.0468/ϕ0.0522	ϕ0.0356/ϕ0.0238
以 A 孔为基准评价 B 孔的同轴度	ϕ0.0814/ϕ0.0398	ϕ0.0203/ϕ0.0291	

2. 测量位置度的注意事项

以起重机转台卷扬安装孔为例，在测量过程中，用 6 mm 台阶的外圆建立第一基准。然而，测量误差是不可避免的，若测量误差为 0.005 mm，建立坐标系后，外圆直径的大小会对计算误差产生显著的影响。若外圆直径为 100 mm，其造成的计算误差为 0.083 mm；若外圆直径为 300 mm，则误差可达到 0.25 mm。

如图 5-3 所示，可以看出使用短基准测定端面跳动时，位置度对测量结果的影响非常大。位置度的偏差会导致测量结果出现较大误差，从而影响对产品质量的判断。因此，在测量位置度时，必须充分考虑测量基准的选择和测量误差的控制。在实际操作中，应尽量选择精度高、稳定性好的测量基准，并采用合适的测量方法和工具，以减少测量误差对位置测量结果的影响。同时，在测量过程中，要对测量数据进行严格的质量控制和分析，及时发现并纠正可能存在的测量误差。例如，可以采用多次测量取平均值的方法来降低测量误差，一般建议测量次数不少于 5 次，以确保测量结果的可靠性。

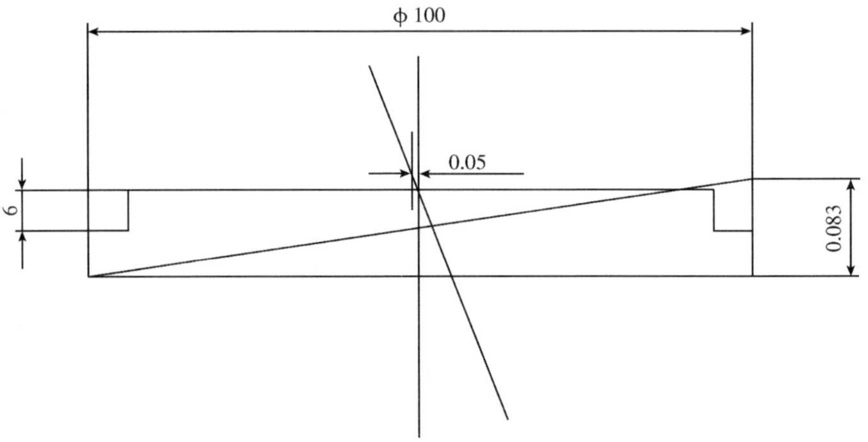

图 5-3　短基准评定端面跳动的影响

三坐标测量机凭借其高精度、高灵活性以及强大的数据处理能力，可以对汽车起重机的转台进行精确检测，从而保证产品的质量和可靠性。使用三坐标测量机对三坐标进行检测是一种有效、可靠的检测手段。它不仅可以替代多种表面测量工具及昂贵的组合量规，大大降低检测成本，而且能够将用普通量具需要数小时进行的测量工作，在几分钟内就高效完成，显著提高了检测效率。更为重要的是，三坐标测量机还可以检测一般量具无法检测的一些形状和位置公差，为汽车制造行业的质量控制提供强有力的技术支持。在汽车制造领域，三坐标测量机的广泛应用将有助于推动产品质量的提升和行业的发展。随着科技的不断进步，三坐标测量技术也将不断创新和完善，为汽车制造行业的高质量发展注入新的动力。

二、三坐标测量机在航空航天中的应用实例

（一）航空航天飞行器关键零部件检测概述

在航空航天领域，飞行器的可靠性、安全性与性能表现高度依赖于其关键零部件的制造质量。这些关键零部件作为飞行器的核心组成部分，其精度与质量直接决定了整个飞行器系统的运行效能与任务成功率。随着航空航天技术向高速度、高精度、高可靠性方向不断迈进，对飞行器关键零部件的精度和质量把控愈发严格。

三坐标测量机作为一种具备高精度测量能力的先进设备，凭借其在空间三维坐标测量方面的卓越性能，能够精确获取零部件的几何尺寸与位置信息，为航空航天飞行器关键零部件的检测提供强有力的技术支持。本案例围绕基于三坐标测量机的航空航天飞行器关键零部件检测展开深入研究，旨在针对不同类型零部件独特的检测需求，深入剖析并实施科学有效的测量策略。通过这些策略的实施，不仅能够实现对零部件制造质量的精准评估，还能为生产过程中的质量控制与改进提供关键依据，确保每一个关键零部件都符合严格的设计标准，从而保障飞行器在极端复杂的工况下安全、稳定地运行。

（二）飞行器复杂曲面零部件检测技术

航空航天飞行器中的复杂曲面零部件广泛应用于空气动力学设计、发动机部件以及飞行控制系统等关键部位。这些零部件具有独特的几何外形，其形状往往是基于复杂的数学模型和空气动力学原理设计而成，以满足飞行器在不同飞行条件下的性能需求。同时，曲率变化幅度大是这类零部件的显著特征之一，曲率的急剧变化要求在制造过程中对加工精度进行极高程度的控制。此外，尺寸精度要求极高，任何微小的尺寸偏差都可能导致空气动力学性能的改变，进而影响飞行器的飞行性能和安全性。

在检测这类复杂曲面零部件时，三坐标测量机与接触式测头的协同作业成为关键技术手段。接触式测头凭借其高精度的传感技术，能够精确感知与曲面的接触点位置。在测量过程中，三坐标测量机依据预设的测量路径，驱动测头在曲面上逐点移动，精心采集离散测量点。这些测量点的选取并非随

意为之，而是基于对曲面几何特征的深入分析和数学建模，确保能够全面、准确地反映曲面的真实形状。通过采集这些离散测量点，三坐标测量机能够获取高精度的坐标数据。这些数据不仅仅是简单的空间位置信息，更是蕴含曲面制造过程中的精度信息。利用先进的数据分析算法和曲面拟合技术，将采集到的离散点数据进行处理和分析，可以与设计模型进行精确比对。通过比对，能够全面、准确地评价曲面的制造质量，如检测出曲面的轮廓偏差、局部形状误差等。这些偏差和误差的准确识别有助于及时发现曲面加工过程中存在的问题，如刀具磨损、加工工艺参数不合理等，从而采取针对性改进措施，确保零部件符合严格的设计要求，为飞行器的性能和安全性提供坚实保障。

（三）飞行器精密孔系零部件检测技术

航空航天飞行器中的精密孔系零部件，如连接孔和定位孔等，在整个飞行器的结构装配和系统运行中扮演着至关重要的角色。这些孔系零部件不仅是实现各个部件连接和定位的关键结构，还直接影响到飞行器整体结构的强度、刚度以及各系统之间的协同工作精度。

对于这些精密孔系零部件，孔径、圆度、同轴度等参数设定了严苛的精度标准，一般精度要求达到微米级别。这是因为哪怕极其微小的孔径偏差都可能导致连接件的配合间隙发生变化，从而影响连接的可靠性和稳定性；圆度误差会使部件在运转过程中产生不均匀的磨损，降低设备的使用寿命；而同轴度偏差则可能导致动力传输不畅、振动加剧等问题，严重威胁飞行器的飞行安全。

利用三坐标测量机，并配备高精度接触式测头，是实现对这些精密孔系零部件精确检测的有效方法。高精度接触式测头具备极高的分辨率和灵敏度，能够精确感知孔壁表面的微小变化。在测量过程中，三坐标测量机按照预先规划好的测量方案，在孔的特定位置仔细采集离散测量点。这些特定位置的选取是基于对孔系结构和精度要求的深入理解，涵盖了孔的不同轴向位置、圆周方向的多个角度等，以确保能够全面获取孔的几何形状信息。

凭借这一严谨的操作流程，能够获取关于孔系参数的高精度测量数据。

通过对这些数据进行专业的分析和处理，运用先进的测量算法和统计分析方法，可以精确计算出孔径、圆度、同轴度等关键参数的实际值。将这些实际值与设计标准进行严格比对，能够有效检测精密孔系零部件是否满足设计精度要求。一旦发现参数偏差超出允许范围，就可以及时追溯加工过程中的各个环节，查找问题根源，如加工设备的精度问题、刀具的磨损情况、加工工艺的合理性等，进而采取相应的纠正措施，保障飞行器整体性能和安全性。这种基于高精度测量数据的检测方法，为航空航天飞行器精密孔系零部件的质量控制提供了可靠的技术支撑，确保了每一个孔系零部件都能满足飞行器在极端工况下的严格使用要求。

第三节　电子与光学产品的检测

一、电子产品的精密检测要求

在现代科技飞速发展的时代，电子产品已经广泛渗透到人们生活和各个工业领域的方方面面。从日常使用的智能手机、平板电脑，到高端的航空航天电子设备、数据中心服务器，电子产品的性能和可靠性直接关系到用户体验、生产效率以及系统安全。因此，对电子产品进行精密检测具有极其重要的意义，其涉及多个维度的严格要求。

从尺寸精度方面来看，随着电子产品不断向小型化、集成化方向发展，内部零部件的尺寸越来越小，精度要求也越来越高。例如，在芯片制造过程中，集成电路的线宽已经进入到纳米级别，哪怕是极其微小的尺寸偏差都可能导致电路短路、信号传输异常等严重问题，进而影响芯片的性能和功能。对于印刷电路板（PCB）上的电子元件，其引脚间距也在不断缩小，精确的尺寸检测能够确保元件在焊接过程中的良好接触，避免虚焊、短路等焊接缺陷，保证电路板的电气性能稳定。

在形状精度上，许多电子产品的零部件具有复杂的几何形状。以手机摄像头的镜头组件为例，镜头的曲面形状对于光线的折射和聚焦起着关键作用。

任何形状上的偏差都可能导致图像模糊、畸变等问题，影响拍摄效果。因此，对镜头曲面的形状精度检测需要达到亚微米甚至更高的精度级别，以确保光线能够准确地聚焦在图像传感器上，实现高质量的成像功能。

表面粗糙度同样是电子产品精密检测的重要指标之一。对于一些需要良好散热性能的电子元件，如电脑 CPU 的散热片，其表面粗糙度会影响与散热风扇或散热液之间的接触热阻。如果表面过于粗糙，会增加热阻，降低散热效率，导致元件温度过高，进而影响其性能和寿命。而对于一些光学元件，如液晶显示屏的玻璃基板，表面粗糙度会影响光线的透过率和反射率，从而影响显示效果。因此，对这些电子产品的表面粗糙度进行精确检测和控制，对于保证产品的性能至关重要。

电气性能检测也是电子产品精密检测的核心内容。电子产品的正常运行依赖于稳定、准确的电气参数。例如，对于电阻、电容、电感等基础电子元件，其阻值、容值、电感值等参数必须在规定的公差范围内，否则会影响整个电路的性能。对于半导体器件，如晶体管和集成电路，其导通特性、放大倍数、阈值电压等参数的精确检测，能够确保它们在电路中正常工作，实现信号的放大、处理和传输。此外，电子产品的电磁兼容性（EMC）检测也不容忽视，这涉及产品在电磁环境中的抗干扰力以及对外辐射的电磁干扰水平，并直接关系到产品在复杂电磁环境下的稳定性和对周围电子设备的影响。

功能完整性检测同样不可或缺。电子产品的功能日益复杂多样，从简单的通信功能到复杂的多媒体处理、人工智能运算等。在生产过程中，需要对产品的各项功能进行全面、细致地检测，确保其能够按照设计要求正常运行。例如，智能手机需要检测通话、短信、拍照、视频播放、网络连接等各项功能是否正常，任何一个功能的缺失或异常都可能影响用户体验，降低产品的市场竞争力。

二、光学产品中的测量技术与精度要求

光学产品在现代科技领域中占据着举足轻重的地位，广泛应用于科研、医疗、通信、军事等众多领域。从显微镜、望远镜等传统光学仪器，到激光

设备、光纤通信器件等先进光学产品，其性能和质量的提升离不开精确的测量技术以及严格的精度要求。

在光学产品的测量技术方面，长度测量是基础且关键的环节。对于光学镜片、棱镜等元件，其尺寸精度直接影响光线的传播路径和光学系统的成像质量。传统的长度测量方法如卡尺、千分尺等在精度上往往难以满足光学产品的要求。现代光学长度测量技术通常采用激光干涉测量法，利用激光的高相干性，通过测量激光干涉条纹的变化来精确测量长度。这种方法能够达到亚微米甚至纳米级别的精度，如在高精度光学镜片的研磨和抛光过程中，通过实时监测镜片的厚度变化，确保镜片的厚度公差控制在极小范围内，从而保证光线通过镜片时的折射和聚焦精度。

角度测量对于光学产品也至关重要。在光学系统中，镜片、棱镜等元件的角度偏差会导致光线的传播方向发生改变，进而影响成像的准确性和清晰度。例如，在望远镜的光学结构中，棱镜的角度偏差可能会导致图像出现倾斜、变形等问题。常用的角度测量技术包括自准直仪测量法和激光角度测量法。自准直仪通过测量反射光线与入射光线之间的夹角来确定被测物体的角度偏差，其测量精度可以达到角秒级别。激光角度测量法则利用激光的方向性和干涉原理，能够实现更高精度的角度测量，适用于对角度精度要求极高的光学产品制造和校准过程。

表面形状测量是确保光学产品质量的关键环节之一。光学元件的表面形状误差会导致光线的波前发生畸变，从而降低光学系统的分辨率和成像质量。例如，对于天文望远镜的主反射镜，其表面形状误差需要控制在波长量级以内，以保证能够捕捉到遥远天体的微弱光线并形成清晰的图像。常用的表面形状测量技术有干涉测量法和轮廓测量法。干涉测量法通过将被测表面反射的光线与参考光线进行干涉，形成干涉条纹，根据条纹的形状和变化来分析表面形状误差，能够测量出微米甚至亚微米级别的表面形状偏差。轮廓测量法则通过扫描被测表面，获取表面的轮廓信息，进而分析表面形状误差，适用于对复杂形状光学元件的表面测量。

光学性能参数的测量是评估光学产品质量的核心内容。这些参数包括焦距、折射率、透过率、吸收率等。焦距是光学镜头的重要参数之一，它决定了镜头对光线的聚焦能力和成像的大小。精确测量焦距对于镜头的设计和制造至关重要，常用的焦距测量方法有物距像距法和焦距仪测量法。折射率是反映光学材料光学特性的重要参数，其测量精度对于光学元件的设计和制造具有重要意义。通过精确测量折射率，可以选择合适的光学材料，并对光学元件的加工工艺进行优化，以满足光学系统的性能要求。透过率和吸收率则直接影响光学元件对光线的传输和吸收特性，对于光学滤光片、光纤等产品尤为重要。通过测量透过率和吸收率，可以评估光学元件的光学性能，并对其进行质量控制和优化。

在精度要求方面，不同类型的光学产品因其应用场景和功能的不同，对测量精度的要求也存在显著差异。例如，用于高端科研领域的光学显微镜，其分辨率要求能够达到纳米级别，这就需要对光学镜头的各项参数进行极其精确的测量和控制，以确保能够观察到微观世界的精细结构；而对于普通的民用光学产品，如眼镜镜片，虽然精度要求相对较低，但也需要保证在一定的公差范围内，以满足用户的视觉需求和佩戴舒适度。在通信领域，光纤的光学性能参数测量精度要求极高，因为哪怕是微小的参数偏差都可能导致信号传输的衰减和失真，影响通信质量。因此，光学产品的测量精度要求是根据其具体应用需求来确定的，并且随着科技的不断进步，对光学产品测量精度的要求也在不断提高。

三、三坐标测量机在电子与光学行业中的实际应用

（一）三坐标测量机在电子与光学行业生产制造环节的应用

三坐标测量机作为精密测量领域的核心设备，以其在空间三维坐标测量方面的卓越性能，深度融入电子与光学行业的生产制造流程，成为保障产品质量与生产效率的关键力量。

在电子产品制造领域，随着电子产品向小型化、集成化方向发展，对微小零部件的尺寸精度和形状要求愈发严苛。以智能手机为例，手机内部众多的精密零部件，如精密连接器、摄像头模组、芯片封装等，其制造精度直接

影响手机的整体性能与稳定性。三坐标测量机凭借其高精度的测量能力，能够快速且精准地获取这些零部件的关键尺寸数据，像引脚间距的测量精度可达微米级别，芯片厚度测量误差控制在极小范围内，模组外形尺寸测量更是精确无误。通过与设计图纸的实时比对，生产过程中哪怕极其细微的尺寸偏差都能被及时发现，为生产工艺的动态调整提供精准依据。这不仅确保了零部件的互换性，降低了因零部件差异导致的装配问题，还极大地提升了装配精度，减少了因装配不当引发的产品故障，从而提高了电子产品的整体良品率。

对于形状复杂的电子产品外壳，三坐标测量机的先进扫描功能发挥着不可替代的作用。它能够对产品外壳表面进行全方位扫描，获取精确的三维数据，进而深入分析表面的平整度、曲率等关键形状参数。在外壳制造过程中，这些参数的精确测量有助于及时发现表面缺陷和不平整，然后通过调整加工工艺，保证外壳的外观质量达到要求，不仅提升了产品的视觉美感，还确保了用户握持时的手感舒适度，满足了消费者对电子产品高品质的需求。

在电子电路板制造方面，三坐标测量机同样扮演着至关重要的角色。印刷电路板（PCB）作为电子产品的核心部件，其线路间距、焊盘尺寸以及平整度等参数直接决定了电路板的电气性能和可靠性。精确测量线路间距，能够有效避免线路之间的短路风险，确保电路板可以在复杂的电气环境下稳定运行。对于多层 PCB，不同层之间的对准精度尤为关键，三坐标测量机通过高精度的测量技术，能够准确获取各层之间的位置偏差数据，为制造工艺提供精确指导，保证各层线路准确连接，大大提高了多层 PCB 的制造质量和良品率。在电子元件的贴装过程中，三坐标测量机更是成为校准贴片机精度的得力工具。通过测量贴装元件的实际位置与设计位置的偏差，能够精确调整贴片机的各项参数，确保电子元件以极高的精度贴装在 PCB 上，有效减少了因元件贴装偏差导致的焊接不良等问题，提高了生产效率，降低了生产成本。

在光学产品制造领域，三坐标测量机的应用贯穿光学镜片、棱镜等元件的制造全过程。对于光学镜片，其曲率半径、中心厚度、边缘厚度等参数直接决定了镜片的光学性能。三坐标测量机采用先进的光学测量技术，能够精确测量这些参数，将误差控制在极小范围内，确保镜片的光学性能严格符合设计要求。在镜片的研磨和抛光过程中，实时测量镜片表面的形状误差成为提高镜片成像质量的关键。三坐标测量机能够实时反馈镜片表面的微观形状信息，操作人员根据这些数据及时调整加工参数，如研磨压力、抛光速度等，保证镜片表面达到极高的平整度和光洁度，有效减少光线在镜片表面的散射和折射误差，从而显著提升镜片的成像质量。

对于棱镜，三坐标测量机可以精确测量其角度精度和面形误差等关键参数。在光学系统中，棱镜的角度精度直接影响光线的传播方向，哪怕微小的角度偏差都可能导致光线偏离预期路径，影响整个光学系统的成像效果。三坐标测量机通过高精度的角度测量技术，能够将棱镜的角度测量精度控制在极小范围内，确保棱镜在光学系统中能够准确无误地改变光线的传播方向，从而实现预期的光学功能。同时，对棱镜面形误差的精确测量，有助于及时发现表面缺陷，通过调整加工工艺，提高棱镜的表面质量，进一步优化光学系统的性能。

在光学镜头组装过程中，三坐标测量机用于精确检测镜头各组件的装配位置和同心度。镜头镜片之间的间距和同轴度对光线的聚焦和传播路径有着决定性影响，直接关系到镜头的成像质量。三坐标测量机通过高精度的三维测量技术，能够精确测量镜片之间的微小间距变化以及各镜片的同轴度偏差，为镜头组装过程提供精确的调整依据。通过严格控制这些参数，确保光线能够准确无误地通过镜头，有效减少像差和色差等光学缺陷，显著提高镜头的成像质量，满足了高端光学设备对镜头性能的严苛要求。

在光纤制造和通信领域，三坐标测量机同样发挥着重要作用。光纤的外径、内径以及弯曲半径等参数对光纤的传输性能和与其他光学器件的连接精度有着至关重要的影响。三坐标测量机采用高精度的光学测量和接触式测量相结合的方法，能够精确测量光纤的各项尺寸参数，为光纤制造过程提供精确的质量控制。在光纤连接器的制造过程中，三坐标测量机可以对连接器的关键尺寸和形状精度进行精确测量，确保连接器与光纤之间实现良好的适配，有效降低光信号在连接部位的损耗，实现高效、稳定的光信号传输，为现代高速通信网络的稳定运行提供了有力保障。

（二）三坐标测量机在电子与光学产品研发、质量控制环节的应用

在电子与光学产品的研发阶段，三坐标测量机是科研人员不可或缺的重要工具，为新产品的设计验证与优化提供了精准的数据支持和深入的分析依据。

科研人员利用三坐标测量机能够获取产品精确三维数据的特性，对新产品的原型进行全面测量。通过对样品的细致测量分析，深入了解产品的实际性能特点，将测量数据与设计模型进行对比，从而验证设计方案的可行性。例如，在新型光学镜头的研发过程中，三坐标测量机可以精确测量镜头的各项光学参数和机械结构尺寸，通过与设计预期值进行比对，及时发现设计中存在的潜在问题，如镜片曲率与光线聚焦效果的偏差、镜头结构尺寸对装配精度的影响等。基于这些测量数据和分析结果，科研人员可以有针对性地对设计方案进行优化，调整镜片的光学参数、改进镜头的机械结构设计，从而提高镜头的成像质量和整体性能，缩短研发周期，降低研发成本。

对于电子与光学产品的创新设计，三坐标测量机也发挥着重要的启发作用。通过对市场上现有产品或竞争对手产品的测量分析，研究人员可以深入了解行业内的先进技术和产品特点，发现潜在的创新点和市场需求。例如，在电子产品的外观设计创新方面，三坐标测量机可以对不同品牌手机外壳的形状、尺寸、表面处理等进行详细测量和分析，为企业的设计团队提供灵感，开发出更具创新性和竞争力的产品外观设计。

在电子与光学产品的质量控制和检测环节，三坐标测量机作为高精度测量设备的代表，为确保产品质量符合严格标准提供了客观、准确的依据。

在大规模生产过程中，三坐标测量机可以对产品进行抽样检测或全检。通过快速、准确对产品进行全面测量，能够及时发现生产过程中的质量波动和异常情况。例如，在光学镜片的批量生产中，三坐标测量机可以对每一片镜片的关键参数进行测量，如曲率半径、厚度偏差等，一旦发现某个批次的镜片出现参数异常，便能够迅速追溯到生产环节的问题所在，及时调整生产工艺，避免大量不合格产品的产生，降低生产成本。

对于电子产品的零部件，三坐标测量机可以对其尺寸精度、形状误差等进行严格检测。在汽车电子控制系统的零部件生产中，三坐标测量机能够确保每个零部件都符合高精度的设计要求，保证汽车电子系统的可靠性和稳定性。在质量检测过程中，三坐标测量机生成的详细测量报告为产品的质量判定提供了客观、准确的数据支持，无论是企业内部的质量控制部门还是外部的质量监管机构，都可以依据这些报告对产品质量进行准确评估，确保出厂产品符合严格的质量标准，提升企业的品牌形象和市场竞争力。此外，三坐标测量机在质量追溯体系中也扮演着重要角色。在产品出现质量问题时，通过查询三坐标测量机的测量记录，可以准确追溯到产品生产的具体批次、生产设备以及生产过程中的各项参数，为质量问题的分析和解决提供有力线索，帮助企业采取针对性的改进措施，持续提高产品质量。在电子与光学行业的激烈市场竞争中，三坐标测量机凭借其在研发、质量控制等环节的卓越应用，为企业提供了强大的技术支撑，助力企业在产品创新和质量提升方面取得优势，实现可持续发展。

第六章　三坐标测量机的精度提升与技术挑战

第一节　提高测量精度的技术路径

一、机械结构优化

机械结构是三坐标测量机的基础，其精度对整体测量精度具有决定性影响。优化机械结构设计、选择合适的材料和采用先进的传动系统是提升测量精度的关键。

（一）材料选择与结构刚性

1．材料特性对测量精度的影响

在三坐标测量机的机械结构设计中，材料的选择是至关重要的一环。热稳定性好、刚性高的材料能够有效减少因环境因素和机械应力导致的结构变形，从而保证测量机的精度。热稳定性是指材料在温度变化时，其物理性能和尺寸保持稳定的能力。低热膨胀系数则意味着材料在温度波动时，尺寸变化较小。刚性高的材料能够承受较大的外力而不产生明显的变形，确保机械结构在工作过程中的稳定性。

2．常用材料及其优势

花岗岩、陶瓷和铸铁等材料因其卓越的性能，成为三坐标测量机基座、导轨等关键部件的首选材料。

（1）花岗岩

花岗岩具有极低的热膨胀系数，一般在 10^{-6}/℃数量级，这使得它能够有效抵抗环境温度变化带来的结构变形。在不同的温度条件下，花岗岩制成的部件尺寸变化极小，从而确保测量机保持稳定的几何度。此外，花岗岩还具有良好的耐磨性和抗腐蚀性，能够长期保持表面精度，减少因磨损和腐蚀导致的精度下降。其内部微观结构均匀，质地致密，能够提供较高的刚性，承受测量过程中的各种外力作用。

（2）陶瓷

陶瓷材料同样具有出色的热稳定性和刚性。一些高性能陶瓷的热膨胀系数甚至比花岗岩更低，能够在更极端的温度环境下保持尺寸稳定。陶瓷的硬度高，耐磨性极佳，这对于导轨等需要长期承受摩擦的部件尤为重要。同时，陶瓷材料的化学稳定性好，不易与周围环境发生化学反应，进一步提高了其在复杂环境中的使用寿命和精度保持性。

（3）铸铁

铸铁材料具有良好的铸造性能，可以通过铸造工艺制造出形状复杂的部件，满足三坐标测量机机械结构多样化的设计需求。它的刚性较高，能够为测量机提供稳定的支撑结构。此外，铸铁还具有一定的减振性能，可以有效吸收测量过程中产生的振动，减少振动对测量精度的影响。在成本方面，铸铁相对花岗岩和一些高性能陶瓷具有一定的优势，使得它在一些对成本较为敏感的应用场景中得到广泛应用。

3. 材料选择的综合考虑

在实际的设计过程中，选择材料不仅要考虑其热稳定性、刚性等性能指标，还需要综合考虑成本、加工工艺等因素。例如，虽然花岗岩和高性能陶瓷在性能上具有明显优势，但它们的加工难度较大，成本相对较高；而铸铁虽然成本较低且加工工艺成熟，但在热稳定性等方面可能稍逊一筹。因此，需要根据测量机的具体使用场景、精度要求以及预算等因素，权衡各种材料的优缺点，做出最合适的选择。合理的材料选择能够显著减少环境因素对测量精度的影响，保证测量机在长期运行过程中的稳定性和可靠性。

（二）运动系统的设计

1. 导轨在运动系统中的关键作用

三坐标测量机的运动系统是影响测量精度的重要因素之一，而导轨作为各轴运动的关键部件，其性能直接决定了测量机的运动精度。导轨的作用是为测量轴提供精确的运动导向，确保测量头能够按照预定的轨迹运动，从而实现准确的测量。因此，导轨必须具备高度的平稳性和高精度，以满足测量机对微小尺寸变化的精确检测需求。

2. 气浮导轨的工作原理与优势

气浮导轨因其独特的工作原理和显著的性能优势，成为提高三坐标测量机精度的重要选择。气浮导轨利用空气静压原理，通过在导轨表面和滑块之间形成一层均匀的空气膜，将滑块与导轨表面隔开。这层空气膜起到了润滑剂的作用，有效降低了滑块与导轨之间的摩擦力。

（1）减少摩擦带来的误差

传统的机械导轨在运动过程中，由于滑块与导轨表面直接接触，不可避免地会产生机械摩擦。这种摩擦不仅会导致运动部件的磨损，还会产生运动误差。而气浮导轨通过空气膜的隔离，将摩擦力降低到极小的程度，大大减少了因摩擦引起的运动误差。例如，在高精度的三坐标测量机中，气浮导轨能够将摩擦系数降低到 10^{-6} 量级，相比传统机械导轨，运动误差可降低一个甚至几个数量级。

（2）避免热效应的影响

机械摩擦在产生运动误差的同时，还会因摩擦生热导致导轨和滑块的温度升高。温度变化会引起材料的热膨胀，从而导致导轨的几何形状发生改变，进一步影响测量精度。气浮导轨由于几乎不存在机械摩擦，不会产生明显的热效应，能够有效避免因热膨胀引起的精度损失。这使得测量机在长时间连续工作过程中能够保持稳定的精度。

（3）提高导轨的直线度和运动平稳性

气浮导轨的空气膜具有良好的均化作用，能够有效补偿导轨表面的微观不平度，使得滑块在导轨上的运动更加平稳。同时，空气膜的支撑力均匀分布，有助于提高导轨的直线度，减少运动过程中的摆动和偏移。这种高直线度和运动平稳性直接提升了测量的重复性和准确性，能够确保测量机在多次测量同一位置时，得到高度一致的测量结果。

（三）传动系统精度

1. 丝杆螺母副传动的原理与精度保障

丝杆螺母副传动是三坐标测量机传动系统中广泛应用的一种方式。其工作原理是通过丝杆的旋转运动，带动螺母做直线运动，从而实现测量轴的精确位移。在高精度的三坐标测量机中，丝杆螺母副传动的精度至关重要。

（1）高精度加工工艺

为了确保丝杆的螺距精度和表面光洁度，需要采用先进的加工工艺。例如，在丝杆的加工过程中，通常会使用高精度的磨床进行磨削加工，以保证丝杆的螺距误差控制在极小的范围内。对于高精度丝杆，其螺距误差可控制在±0.001 mm 甚至更小。同时，通过精密的研磨工艺，可以进一步提高丝杆的表面光洁度，降低表面粗糙度，减少丝杆与螺母之间的摩擦和磨损。

（2）严格的装配调试

精细的丝杆加工只是保证传动精度的第一步，严格的装配调试同样不可或缺。在装配过程中，需要确保丝杆与螺母之间的配合间隙均匀且微小。通过精确地调整和测量，将配合间隙控制在合适的范围内，一般在 0.002～0.005 mm 之间。这样可以最大限度地减少传动误差，确保运动精度。同时，在装配完成后，还需要进行严格的调试和检测，对丝杆螺母副的传动性能进行全面评估，确保其满足测量机的精度要求。

2. 直线电机驱动技术的特点与应用

直线电机驱动技术凭借其独特的优势，逐渐成为提升三坐标测量精度的重要手段。直线电机直接驱动测量轴运动，避免了传统传动方式中的中间传动环节，如皮带、链条或丝杆传动。

（1）响应速度快

直线电机的响应速度极快，能够在瞬间实现加速和减速，满足测量机对快速测量的需求。与传统传动方式相比，直线电机的响应时间可以缩短至毫秒级甚至更短，大大提高了测量机的工作效率。在一些需要快速捕捉测量点的应用场景中，直线电机的快速响应能力能够确保测量的及时性和准确性。

（2）定位精度高

由于直线电机直接驱动测量轴，减少了中间传动环节带来的误差积累，能够实现更高的定位精度。直线电机可以通过精确的控制系统，将测量轴的定位精度控制在±0.001 mm以内，甚至在一些高端设备中能够达到更高的精度。这种高定位精度使得测量机能够满足对微小尺寸和高精度测量的严格要求。

二、测量系统校准

测量系统校准是确保三坐标测量机精度的关键环节，涉及几何精度校准、温度补偿和测头校准等多个方面。精确的校准可以显著提高测量结果的可靠性，确保每次测量都在相同的标准条件下进行。

（一）几何精度校准

1. 几何精度校准的核心地位

几何精度校准在三坐标测量机的校准体系中占据基础性且核心的位置。三坐标测量机依靠 X、Y、Z 三个坐标轴的协同运动来确定空间中任意点的位置，各轴之间精确的几何关系是实现高精度测量的前提条件。垂直度、平行度以及定位精度等几何参数的精确程度，直接决定了测量空间直角坐标系的准确性。若这些几何参数出现偏差，将会导致测量点在空间中的坐标定位产生误差，进而使被测物体的形状、尺寸等关键参数的测量结果出现较大偏差，无法满足高精度测量的要求。

2. 常用校准工具及其工作原理

（1）标准球

标准球是几何精度校准中广泛应用的重要工具。它具备极高的制造精度，其球形表面的圆度误差极小，直径尺寸经过严格的计量认证，具有极高的准确性和稳定性。在使用标准球进行校准时，将其放置在测量机的工作空间内，测量机的测头围绕标准球表面进行均匀分布的多点测量。基于空间几何原理，通过测量标准球表面上多个点的坐标信息，利用专业的算法可以精确计算出测量机各轴之间的相对位置关系以及垂直度偏差。例如，通过精确测量标准球表面上不同位置点的坐标，对比各轴方向上测量点与标准球中心的距离和角度关系，能够准确判断各轴之间是否垂直以及垂直度偏差的具体方向和大小数值。

（2）量块

量块作为另一种常用的几何校准工具，具有精确且已知的长度尺寸。在几何精度校准过程中，量块主要用于校准测量机各轴的定位精度和平行度。将量块放置在测量机的工作台上，沿着不同坐标轴方向进行精确测量。通过将测量得到的量块长度与量块的标称长度进行细致比对，可以精准检测出各轴在运动过程中的定位精度是否满足要求。同时，通过在不同轴向上分别放置量块并进行测量，可以全面评估各轴之间的平行度情况。例如，在 X 轴和 Y 轴方向分别放置量块进行测量，若测量结果显示在不同位置上量块的测量长度存在差异，且该差异与轴的运动方向存在特定的关联关系，则可以判定两轴之间的平行度存在偏差，并能够进一步分析偏差的具体情况。

3. 校准流程与调整策略

几何精度校准工作遵循严谨的流程。首先，使用标准球、量块等校准工具在测量机的工作空间内进行全面、系统的测量操作，获取大量精确的测量数据。这些数据涵盖了不同位置、不同方向上的测量信息，为后续的分析提供了丰富的数据基础。接着，利用专业的校准软件对采集到的数据进行深入分析处理。校准软件内置了先进的算法，能够根据测量数据精确计算出各轴之间的几何偏差参数，如各轴之间的垂直度偏差角度、平行度误差以及定位精度偏差等具体数值。基于这些详细的偏差数据，技术人员依据测量机的机械结构特点和校准原理，对测量机的机械结构进行针对性调整。这可能涉及对导轨的精细调整，通过微调导轨的位置来纠正各轴之间的平行度偏差；对丝杆螺母副的松紧程度进行精确控制，以优化各轴的运动精度；对一些关键的机械连接件进行拧紧或松开操作，从而使各轴达到理想的垂直和平行状态。通过这一系列严谨的校准流程和精准的调整策略，确保测量空间的直角坐标洗净度满足高精度测量的严格要求，为后续的准确测量奠定坚实基础。

（二）温度补偿校准

1. 温度对测量精度的复杂影响

环境温度的变化是影响三坐标测量机测量精度的一个复杂且不可忽视的因素。测量机本身以及被测工件通常由多种不同材料制成，而每种材料都具有独特的热膨胀系数。当环境温度发生波动时，测量机的各个部件以及被测工件会由于热膨胀或收缩而产生尺寸变化。这种尺寸变化会对测量精度产生多方面的影响。一方面，测量机的机械结构会因热膨胀或收缩而发生微小变形，如导轨的长度、宽度和高度可能会发生改变，进而影响各轴的运动精度和测量空间的几何形状。另一方面，被测工件的尺寸变化会直接导致测量结果与实际尺寸之间出现偏差。例如，对于一个高精度的航空零部件，在温度升高时，其尺寸可能会因热膨胀而增大，若测量机没有进行有效的温度补偿，测量结果就会比实际尺寸偏小，从而影响对零部件尺寸精度的准确评估。

2. 温度传感器的科学布置与数据采集

为了实现精确的温度补偿，需要在测量机内部关键部位科学合理地安装高精度温度传感器。这些关键部位通常包括导轨、丝杆、基座等对温度变化较为敏感且对测量精度有重大影响的部件。温度传感器的布置需要充分考虑测量机的结构特点、热传导特性以及温度分布规律，以确保能够全面、准确地采集到测量机各关键部位的温度变化情况。高精度温度传感器具有高灵敏度和快速响应的特性，能够实时感知温度的微小变化，并将温度信号准确转换为电信号进行传输。采集到的温度数据通过专门的数据采集系统进行高效处理和存储。数据采集系统配备了高精度的模数转换模块，能够将模拟的温度信号精确转换为数字信号，以便后续进行精确的分析和处理。

3. 温度补偿模型的建立与应用

基于热膨胀理论模型，建立精确的温度与测量误差之间的关系是实现温度补偿校准的核心任务。热膨胀理论表明，材料的尺寸变化与温度变化呈线性关系，比例系数即为热膨胀系数。通过对测量机各部件材料的热膨胀系数进行精确测定，并结合测量机的结构特点和力学模型，可以构建一个能够准确描述温度变化对测量精度影响的数学模型。在实际测量过程中，测量软件会根据采集到的实时温度数据，利用预设的算法对测量结果进行自动补偿修正。例如，当测量软件接收到温度传感器传来的温度升高信号时，它会依据预先建立的温度误差模型，精确计算出由于温度升高可能导致的测量误差，并在测量结果中自动加上相应的修正值。通过这种实时的温度监测与补偿机制，能够有效降低温度因素对测量精度的影响，确保三坐标测量机在不同温度环境下都能提供稳定、准确的测量结果，满足各种复杂工况下的高精度测量需求。

（三）测头校准

1. 测头在测量系统中的关键作用

测头作为三坐标测量机获取测量数据的核心部件，其性能直接决定了测量结果的准确性和可靠性。在测量过程中，测头通过与被测物体表面进行接触或非接触式的探测，精确感知测量点的位置信息，并将其转换为电信号或数字信号传输给测量机的控制系统。测头的精度、触发特性以及测量点位置的一致性等因素，对最终的测量结果有着至关重要的影响。例如，在对复杂曲面的精密模具进行测量时，测头需要能够准确捕捉到曲面上每一个测量点的精确位置，并且在不同位置和方向上都能保持一致的触发精度和测量准确性，否则将导致对模具形状和尺寸的测量出现偏差，无法满足模具制造过程中的高精度质量控制要求。

2. 常见校准方法及其技术原理

（1）触发精度测试

触发精度是衡量测头性能的关键指标之一，它反映了测头在接触被测物体表面时，能够准确触发并记录测量点位置的能力。常见的触发精度测试方法是使用专门设计的校准标准件，这些标准件具有精确的尺寸和表面形状。将校准标准件放置在测量机的工作台上，测头按照预定的路径对标准件表面进行扫描测量。在测量过程中，通过比较测量结果与标准件的实际尺寸和位置信息，可以精确评估测头的触发精度。例如，如果测头在触发时记录的测量点位置与标准件上对应点的实际位置存在偏差，这个偏差值就是触发精度的一个量化指标。通过在不同方向、不同位置以及不同速度下对标准件进行多次测量，并运用统计学方法对测量数据进行分析处理，可以全面、准确地确定测头在各种工况下的触发精度情况，为后续的校准和精度提升提供依据。

（2）测球直径的精确测量

对于采用测球结构的测头，测球直径的精确测量是校准工作的重要环节。测球直径的准确性直接影响测量点的位置计算和测量结果的精度。在测量测球直径时，通常会使用高精度的测量设备，如激光干涉仪等。将测头安装在特定的校准装置上，通过激光干涉仪对测球进行多方位的测量。激光干涉仪利用激光的干涉原理，通过测量激光在测球表面反射或透射后的干涉条纹变化，精确测量出测球表面到测量设备的距离。通过在不同角度和位置对测球进行大量的测量，并结合复杂的几何算法和数据处理技术，可以消除测量过程中的各种误差因素，最终得到测球的精确直径值。例如，通过在多个不同平面内对测球进行测量，并利用空间几何关系对测量数据进行拟合和计算，可以有效提高测球直径测量的精度和可靠性。

3. 校准的严格技术要求与重要意义

测头校准需要使用专业的校准设备和遵循严格的技术规范。校准设备必须具备高精度的测量能力，其精度要显著高于被校准测头的精度要求，以确保校准结果的准确性和可靠性。在校准过程中，要严格控制环境条件，如温度、湿度和振动等因素，因为这些环境因素可能会对校准结果产生影响。通过定期对测头进行校准，能够确保测头在不同方向和位置上的灵敏度保持一致，触发精度稳定可靠。这不仅可以提高测量的可靠性，减少测量误差，还能够保证在多次测量同一物体时，得到的测量结果具有高度的一致性和可重复性。对于高精度测量任务，准确校准的测头是获取可靠测量数据的重要保障，能够为产品质量控制、零部件设计和制造等提供准确的测量依据，从而提高产品质量和生产效率，推动相关行业的高质量发展。

三、精密探头与传感器技术

精密探头与传感器是三坐标测量机获取高精度测量数据的核心部件。随着技术的发展，新的探头和传感器技术不断涌现，这为提高三坐标测量机的测量精度提供了有力支持。

（一）光学探头技术

1. 光学探头技术的基本原理

光学探头作为非接触式测量技术的典型代表，其工作原理基于先进的光学成像理论。它通过特定的光学系统发射具有特定波长的光线，这些光线投射到被测物体表面后，会发生反射或散射现象。探头内置的高分辨率相机或探测器负责捕捉这些反射或散射光线，获取包含物体表面信息的图像。随后，借助复杂而精密的图像处理算法，对采集到的图像进行深入分析和处理。通过对图像中光线的几何特征、灰度变化等信息的精确提取和计算，能够准确确定物体表面各点在三维空间中的坐标位置。这种基于光学原理的测量方式，避免了传统接触式测量可能对被测物体表面造成的损伤，为一些特殊材料和高精度元件的测量提供了理想解决方案。

2. 光学探头技术的显著特点

（1）高速度

光学探头具备快速获取测量数据的能力。由于其采用非接触式测量方式，无须像接触式探头那样逐点与物体表面接触，大幅缩短了测量时间。在实际应用中，它能够在短时间内对大面积的物体表面进行快速扫描，获取大量的测量点数据，显著提高了测量效率，满足了现代工业生产中对快速检测的需求。

（2）高精度

光学探头在测量精度方面表现卓越，能够实现亚微米级别的高精度测量。这得益于其先进的光学成像系统、高分辨率的探测器以及精确的图像处理算法。通过精确控制光线的传播和图像的采集处理，光学探头可以准确捕捉物体表面的微小细节，为高精度测量提供了可靠保障。例如，在对精密光学镜片的表面形状测量中，光学探头能够精确检测到镜片表面的微小曲率变化和瑕疵，确保镜片的光学性能符合严格标准。

（3）无接触

非接触式测量是光学探头的一大优势。这种特性使其特别适用于测量易变形的软质材料，如橡胶、塑料等。在测量过程中，不会因为与物体表面接触而对其施加力，从而避免了软质材料因受力而产生的变形，保证了测量结果的准确性。同时，对于一些高精度的光学元件，如反射镜、透镜等，无接触测量可以防止探头对其表面造成划伤或磨损，保护了元件的光学性能和表面质量。

3. 光学探头技术的应用领域

在现代三坐标测量机中，光学探头已成为不可或缺的重要测量工具，广泛应用于多个领域。在微观结构测量方面，它能够对微小零部件、集成电路芯片等进行高精度测量，帮助工程师了解微观结构的尺寸、形状和表面形貌，为产品研发和质量控制提供关键数据。在复杂表面形态测量领域，光学探头可以对具有复杂曲面的物体，如汽车零部件、航空发动机叶片等进行精确测量，获取其表面的三维形状信息，为产品的设计优化和制造工艺改进提供有力支持。此外，在生物医学、材料科学等研究领域，光学探头也发挥着重要作用，用于对生物样本、新材料的微观结构和表面特性进行研究和分析。

（二）触觉探头技术

1. 触觉探头技术的传统基础与发展背景

触觉探头作为接触式测量的经典技术，在三坐标测量机领域长期占据重要地位。传统的触觉探头通过机械结构感知与被测物体表面接触时产生的微小力变化，从而确定测量点的位置。然而，随着测量精度要求的不断提高，传统触觉探头在灵敏度和分辨率方面逐渐难以满足需求。为了突破这些限制，新型触觉探头技术应运而生，其中微机电系统（MEMS）技术的应用成为推动触觉探头发展的关键因素。

2. 基于 MEMS 技术的新型触觉探头

新型的触觉探头采用先进的 MEMS 技术，将机械结构、传感器和信号处理电路集成在微小的芯片上。这种高度集成化的设计带来了诸多优势。首先，MEMS 技术使得探头的机械结构更加精密和微小，能够对极其微小的力变化做出响应，大大提高了探头的灵敏度。其次，集成在芯片上的传感器能够快速、准确地将力信号转换为电信号，实现对测量力的精确检测。同时，信号处理电路可以对传感器输出的信号进行实时处理和放大，进一步提高了探头的分辨率和测量精度。

3. 新型触觉探头的性能提升与应用效果

一些高性能的新型触觉探头在触发力方面取得了显著突破，其触发力可低至几毫牛。这意味着它们能够精确感知被测物体表面的微观起伏，即使是极其微小的表面变化也能被准确捕捉。在实际测量中，这种高灵敏度和高分辨率的触觉探头可以提供更加精确的形状测量数据，对于复杂形状物体的测量尤为重要。例如，在对精密模具的测量过程中，新型触觉探头能够精确检测到模具表面的微小瑕疵和不平整，为模具的制造和修复提供了高精度的测量依据，有助于提高模具的质量和使用寿命。

（三）传感器技术的创新

1. 激光位移传感器

激光位移传感器是利用激光的反射特性来精确测量物体表面与传感器之间距离的设备。它通过发射一束激光到被测物体表面，激光在物体表面发生反射后，部分光线会返回传感器。传感器通过检测激光发射和接收之间的时间差或相位差，结合已知的激光传播速度，精确计算出物体表面与传感器之间的距离。通过对物体表面不同位置的距离测量，并结合三坐标测量机的运动系统，可以快速而精确地获取物体表面的三维信息。激光位移传感器在三坐标测量机中的应用具有广泛的优势。在测量复杂形状的物体时，它能够克服传统接触式测量的不足。由于无须与物体表面接触，避免了因接触而可能对物体表面造成的损伤，特别适用于测量一些表面易损的材料或具有复杂形状的零部件，如艺术品、古建筑模型等。同时，激光位移传感器具有较高的测量速度和精度，能够在短时间内获取大量的测量数据，为实现快速、高效测量提供了可能。

2. 应变片传感器

应变片传感器是基于金属材料在受力变形时电阻值发生变化的原理工作的。将应变片粘贴在测量机的关键结构部件上，当测量机结构在受力情况下发生微小变形时，应变片的电阻值会相应改变。通过测量电阻值的变化，可以精确监测测量机结构的应变情况。这种监测为设备精度控制提供了重要反馈信息，技术人员可以根据应变片传感器的测量数据，及时调整测量机的工作状态，优化测量过程，确保测量机在高精度状态下运行。通过实时监测测量机结构的应变情况，应变片传感器能够帮助技术人员及时发现潜在的精度问题。例如，当测量机在长时间运行或承受较大负载时，结构可能会出现微小变形，这可能导致测量精度下降。应变片传感器能够及时捕捉到这些变形信息，技术人员可以根据这些数据对测量机进行调整和维护，如对机械结构进行校准、对测量参数进行优化等，从而有效提高测量机的测量精度和稳定性。

3. 加速度传感器

加速度传感器能够实时监测测量机在运动过程中的加速度变化。它是基于惯性原理，通过检测内部质量块在加速度作用下产生的惯性力来测量加速度值。在三坐标测量机中，加速度传感器可以安装在运动部件上，如滑块、丝杆等，实时获取测量机运动过程中的加速度信息。加速度传感器获取的加速度数据对于优化测量过程、减少误差具有重要意义。测量机在加速和减速过程中，由于惯性作用可能会产生振动和位移，这些因素会对测量精度产生影响。通过加速度传感器实时监测加速度变化，测量机的控制系统可以根据这些数据对运动进行精确控制和调整，如优化运动速度曲线、提前进行补偿调整等，从而有效减少因运动引起的误差，提高测量结果的准确性和可靠性。

第二节　精度提升中的挑战与解决方案

一、测量误差来源分析

在三坐标测量机的实际测量过程中，多个因素可能导致测量误差，进而影响测量精度。主要误差来源包括测量力引起的误差、动态误差和测量环境中的噪声干扰。

（一）测量力引起的误差

测量力是影响三坐标测量机精度的常见且关键的误差来源之一。在运用接触式探头开展测量工作时，探头与被测物体表面之间必然存在一定的接触力。这一接触力的存在，本质上是为了确保探头能够稳定地感知被测物体表面的几何信息，但它同时也可能引发一系列影响测量精度的问题。

从力学原理角度分析，当探头与被测物体表面接触时，根据牛顿第三定律，两者之间会产生相互作用力。对于具有一定硬度和刚性的材料，这种接触力可能不会对其形状产生明显影响。然而，对于柔软材料或薄壁零件而言，情况则截然不同。由于这类材料的弹性模量相对较低，在受到测量力作用时，更容易发生弹性变形。当测量力过大时，被测物体表面会发生局部凹陷或变形，这种变形会改变物体表面的实际几何形状，进而影响测量结果的准确性。以测量塑料或铝合金薄壁零件为例，塑料材料通常具有较低的硬度和刚性，其分子结构相对松散，在受到外力作用时，分子间的相对位置容易发生改变，导致材料发生较大的变形。铝合金薄壁零件虽然具有一定的强度，但由于其壁薄，抵抗变形的能力有限。过大的测量力会使工件表面产生明显的形变，使得测量探头所感知到的表面位置与物体的实际表面位置存在偏差，最终导致测量结果与实际尺寸出现不可忽视的差异。此类误差的大小并非孤立存在，而是与多个因素密切相关。被测材料的硬度和刚性是决定其抵抗变形能力的内在因素。硬度较低、刚性较差的材料，在相同测量力作用下，更容易发生较大的变形，从而导致更大的测量误差。测量力的大小则是直接影响因素，测量力越大，对被测物体表面产生的压力就越大，引发的变形也就越显著，测量误差相应增大。

为了有效提高测量精度，避免因材料形变导致的测量误差，需要综合考虑多个方面来合理控制测量力的大小，并选择适宜的测量方式。在测量前，技术人员应充分了解被测材料的力学性能参数，根据材料的硬度、刚性等特性，结合测量任务的精度要求，确定合适的测量力范围。这需要借助相关的材料力学理论和实验数据，建立测量力与材料变形之间的定量关系模型，从而为测量力的精确控制提供科学依据。

在测量过程中，可以采用先进的力控制技术，如通过传感器实时监测测量力的大小，并将反馈信号传输给测量系统的控制系统。当测量力超出预设范围时，控制系统能够自动调整探头的运动，减小测量力，确保测量力始终保持在合理的水平。此外，选择合适的测量方式也至关重要。例如，对于一些易变形的材料，可以采用多次测量取平均值的方法，以减小单次测量中因测量力引起的偶然误差。同时，优化探头的设计和形状，使其与被测物体表面的接触面积更加合理，能够在保证测量信号稳定获取的前提下，降低局部压力，减少材料变形的可能性。

（二）动态误差

动态误差通常在三坐标测量机的快速运动过程中产生，尤其是在进行高速扫描测量时，这一误差现象更为明显且复杂。三坐标测量机作为一个复杂的机电系统，其各轴在快速启动、停止或变速过程中，不可避免地会受到多种动力学因素的影响，这些因素相互交织，共同导致了动态误差的产生。

从动力学原理层面分析，在各轴快速启动、停止或变速过程中，会产生加减速作用。根据牛顿第二定律，物体的加速度与所受外力成正比，与物体的质量成反比。三坐标测量机的运动部件具有一定的质量，在加减速过程中，由于惯性的存在，运动部件需要一定的时间来响应驱动力的变化，这就导致了测量系统产生动态响应延迟。具体而言，惯性作用导致的运动滞后是动态误差产生的关键因素之一。在轴急加速或急减速时，测量机的运动部件，如测量头、滑块等，由于具有惯性，其速度变化无法瞬间跟上控制系统发出的指令。例如，当测量机的某一轴快速启动时，尽管控制系统已经发出了加速指令，但测量头由于惯性仍会保持原来的相对静止状态，在短暂的时间内无法立即达到预期的运动速度，从而导致在这段时间内无法准确按照预定轨迹运动。同样，在急减速过程中，测量头也会因为惯性而继续向前运动一段距离，无法在预定时间内精确定位到目标位置，进而产生测量偏差。这种动态误差在实际测量中具有明显的表现特征。例如，在快速启动或停止的过程中，测量机的惯性可能使得测量头的位置未能及时调整到正确的位置，导致测量结果出现误差。这种误差通常表现为测量系统的响应速度不足，尤其是在复杂或高速测量任务中，这种误差的影响尤为突出。在复杂测量任务中，测量机需要频繁改变运动方向和速度，以适应被测物体复杂的几何形状。在这种情况下，动态响应延迟和偏差会不断累积，使得测量结果与实际尺寸之间的偏差越来越大。在高速测量任务中，由于测量机的运动速度极快，即使是微小的动态响应延迟，也可能导致测量头在短时间内偏离预定的测量轨迹，从而严重影响测量精度。

为了有效减小动态误差对测量精度的影响，需要从多个方面进行深入研究和技术改进。在测量机的设计阶段，应优化机械结构的动力学性能，通过合理选择运动部件的材料和结构，降低其质量，减小惯性。同时，采用先进的驱动系统和控制算法，提高运动控制系统的响应速度和精度。例如，采用高性能的伺服电机和精密的传动机构，能够更精确地控制运动部件的运动速度和位置。引入先进的自适应控制算法，根据测量机的实时运动状态和惯性特性，自动调整驱动力和控制参数，以补偿动态响应延迟和偏差。在测量过程中，可以通过优化测量路径规划来减小动态误差。合理设计测量路径，避免频繁的急加速和急减速，使测量机的运动更加平稳。同时，结合实时监测技术，利用传感器实时获取测量机各轴的运动状态信息，如加速度、速度等，并将这些信息反馈给控制系统。

（三）测量环境中的噪声干扰

测量环境中的噪声干扰是另一类影响三坐标测量机测量精度的重要因素。测量环境是一个复杂的物理空间，其中存在着多种形式的干扰源，这些干扰源会对测量信号的传输和处理产生不利影响，进而导致测量数据的不准确，严重时甚至会使测量结果失去可靠性。

电气噪声是测量环境中常见的干扰源之一。它可能来自附近的电气设备或电力系统。在现代工业生产环境或实验室环境中，通常存在着大量的电气设备，如电机、变压器、变频器等。这些设备在运行过程中会产生各种频率的电磁辐射，形成电气噪声。例如，电机在运转时，其内部的电流变化会产生交变磁场，这个交变磁场会在周围空间中产生电磁干扰，通过电磁感应耦合到测量机的测量信号传输线路中，导致测量信号受到污染。电力系统中的电压波动、谐波等也会产生电气噪声，这些噪声可能通过电源线传导到测量机内部，干扰测量系统的正常工作。

机械振动噪声也是一个不容忽视的干扰因素。它可能来自周围的机械设备或测量机自身的运行。周围的大型机械设备，如冲床、铣床、空压机等，在运行过程中会产生强烈的振动。这些振动会通过地面传递到三坐标测量机，引起测量机的微小振动。即使是测量机自身的运行，如电机的转动、丝杆的传动等，也会产生一定的机械振动。例如，电机在运转过程中，由于转子的不平衡或轴承的磨损，会产生振动，这种振动会传递到测量机的测量平台上，导致测量头在测量过程中发生微小的抖动，从而影响测量结果的稳定性和准确性。

空气流动同样可能对测量产生干扰。在测量环境中，空调系统、通风设备等会引起空气流动。空气流动会导致测量空间内的温度分布不均匀，形成温度梯度。对于高精度的测量任务，温度的微小变化可能会引起测量机零部件的热膨胀或收缩，从而导致测量误差。此外，空气流动还可能对测量信号的传输产生影响，例如，对于一些基于光学原理的测量系统，空气流动可能会导致光线传播路径的微小变化，进而影响测量结果的准确性。为了减少这种干扰，通常需要采取一系列有效的措施。针对电气噪声干扰，可以采用电磁屏蔽技术，对测量机的关键部件和信号传输线路进行屏蔽，防止外部电气噪声的侵入。例如，使用屏蔽电缆传输测量信号，在测量机的电子控制柜内安装电磁屏蔽罩等。同时，合理布置测量机的电源线，避免与强干扰源的电源线并行敷设，减少电气噪声通过电源线传导的可能性。

对于机械振动噪声，需要采取有效的振动隔离措施。可以在测量机的底部安装减振垫或减振器，减少地面振动对测量机的传递。对于周围的机械设备，可以采取隔振措施，如在设备底部安装橡胶垫或弹簧减振器，降低其振动对周围环境的影响。此外，定期对测量机进行维护和保养，检查电机、丝杆等运动部件的运行状态，及时调整和修复存在的问题，减少测量机自身产生的机械振动。

在应对空气流动干扰方面，优化测量环境的通风设计至关重要。合理布置空调出风口和通风口，避免空气直接吹向测量机，减少温度梯度的产生。同时，可以在测量机周围设置防风罩，降低空气流动对测量信号的影响。通过这些综合措施的实施，能够有效优化测量环境，确保三坐标测量机能够在低干扰的条件下进行高精度的测量工作。

二、环境与机械因素影响

环境因素和机械因素对三坐标测量机的精度影响深远，特别是温度、湿度、机械部件的磨损等因素，都可能导致测量误差的出现。了解这些影响因素的本质，能够为精度提升提供理论依据和技术支持。

（一）温度变化的影响

温度，无疑是众多影响三坐标测量机精度的环境因素中最为关键的一环。从物理原理层面来看，热膨胀是物体在温度变化时的一种基本属性。环境温度的任何波动，都会毫无例外地引发测量机和被测工件产生热膨胀或收缩现象，而这一过程往往是导致尺寸测量偏差的“罪魁祸首”。

第一，不同材料因其独特的分子结构和原子间相互作用力，具有各不相同的热膨胀系数。这一特性在实际测量场景中表现得尤为明显，当测量机和工件处于相同的温度变化环境时，由于它们各自材料热膨胀系数的差异，尺寸变化的幅度也会大相径庭。以三坐标测量机常见的结构为例，花岗岩基座通常具有较低的热膨胀系数，而金属测量轴的热膨胀系数相对较高。在温度发生变化时，花岗岩基座的尺寸变化相对较小，而金属测量轴的尺寸变化则较为显著。这种差异可能导致各轴之间的相对位置发生微妙的变化，尽管这种变化可能极其微小，但在高精度测量中，却足以对测量精度产生不可忽视的影响。

第二，温度变化对测量机的影响是全方位的。测量机的各个部件，从机械结构到电子元件，都可能因温度的波动而性能受损。例如，温度的升高可能会使电子元件的电阻值发生变化，进而影响电路的稳定性和信号传输的准确性。对于测量机的光学测量系统而言，温度变化可能导致镜片的折射率改变，从而使测量光线的传播路径发生偏差，最终影响测量结果的精度。

第三，温度变化对被测工件的影响同样不容小觑。某些材料，尤其是一些对温度敏感的材料，在温度波动较大的环境中，其尺寸稳定性较差，容易发生明显的膨胀或收缩。以塑料制品为例，其热膨胀系数相对较高，在温度变化时，尺寸变化较为显著。当对这类工件进行测量时，如果测量环境温度不稳定，那么工件尺寸的变化就会直接反映在测量结果中，导致测量误差的产生。鉴于温度变化对测量精度的重大影响，温度控制和补偿成为提高测量精度不可或缺的重要措施。在温度控制方面，通常会采用高精度的恒温装置，将测量环境的温度控制在一个相对稳定的范围内。例如，在一些高精度测量实验室中，会使用恒温空调系统，将环境温度控制在±0.1 ℃甚至更高的精度范围内。此外，还可以对测量机本身进行温度隔离和隔热处理，减少外界温度变化对测量机内部的影响。

第四，在温度补偿方面，先进的测量机通常配备了温度补偿系统。该系统通过在测量机关键部位安装温度传感器，实时监测温度变化，并根据预先建立的温度与尺寸变化的数学模型，对测量结果进行自动补偿。这种基于精确数学模型的温度补偿技术，能够有效降低温度变化对测量精度的影响，确保测量结果的准确性和可靠性。

（二）湿度的影响

湿度变化对三坐标测量机的影响同样复杂且多面，在高精度测量环境中，其重要性丝毫不亚于温度因素。湿度，作为衡量空气中水汽含量的物理量，其变化会在多个层面影响测量机的性能和测量精度。

在高湿度环境下，三坐标测量机内部的电子元件面临着严峻的考验。电子元件通常对湿度较为敏感，过多的水汽可能会吸附在电子元件表面，导致其电气性能发生变化。例如，水汽可能会降低电子元件的绝缘性能，增加漏电的风险，进而影响电路的正常工作。长期处于高湿度环境中，电子元件还可能因受潮而生锈、腐蚀，这不仅会影响其性能和稳定性，严重时甚至可能引发短路等故障，使测量机无法正常运行。

除了对电子元件的影响，湿度变化对测量过程中的接触状态也有着直接的作用。当湿度发生变化时，被测工件表面的物理状态也会随之改变。例如，在湿度较高的环境中，被测工件表面可能会产生凝结水，使材料表面变得湿滑。对于接触式探头而言，这种湿滑的表面会影响探头与工件之间的接触效果，导致接触力分布不均匀，进而影响测量信号的准确性。在极端情况下，凝结水可能会在探头与工件表面之间形成一层水膜，阻碍测量信号的有效传输，使得测量结果出现较大偏差。以实际测量场景为例，在一些沿海地区或潮湿的工业环境中，湿度变化较为频繁且幅度较大。在这种环境下进行测量时，如果不采取有效的防潮措施，测量机内部的电子元件可能会频繁出现故障，测量结果的精度也会受到严重影响。例如，在对精密机械零件进行测量时，由于湿度变化导致工件表面产生凝结水，接触式探头在测量过程中可能会出现跳动或接触不良的情况，从而使测量数据出现波动，无法准确反映工件的真实尺寸。为了确保测量精度，保持测量环境的适宜湿度并对设备进行防潮处理是必不可少的措施。在保持适宜湿度方面，通常会使用除湿设备，如除湿机，将测量环境的湿度控制在合适的范围内。一般来说，对于三坐标测量机的测量环境，相对湿度应控制在40%～60%之间。此外，还可以通过密封测量室、安装湿度监测设备等方式，实时监控和调节湿度。

在设备防潮处理方面，对测量机内部的电子元件进行密封包装、涂覆防潮漆等处理，可以有效防止水汽的侵入。同时，在测量机的结构设计上，可以考虑增加排水孔、通风口等设施，及时排除内部的水汽。对于被测工件，在测量前可以采用干燥处理等方法，去除表面的水分，确保测量探头与工件表面的良好接触状态。通过这些综合措施，可以有效降低湿度变化对三坐标测量机精度的影响，保障测量工作的顺利进行。

（三）机械因素

机械因素在三坐标测量机的精度保持方面扮演着至关重要的角色，其中测量机长期使用导致的部件磨损以及安装基础等问题，都可能成为影响测量精度的潜在“隐患”。

随着三坐标测量机的长期运行，各个机械部件不可避免地会出现磨损现象。导轨作为测量机各轴运动的导向部件，其磨损对运动精度的影响尤为显著。在长期的往复运动过程中，滑块与导轨之间会产生摩擦，这种持续的摩擦会逐渐磨损导轨表面，导致滑块与导轨之间的间隙增大。当间隙增大到一定程度时，滑块在导轨上的运动就会出现不稳定现象，无法精确地沿着预定的直线轨迹运动，从而影响各轴的运动精度。例如，在进行高精度的直线度测量时，由于导轨磨损导致的滑块运动偏差，可能会使测量结果出现较大误差，无法准确反映被测工件的实际直线度。

丝杆螺母副作为测量机传动系统的关键部件，其磨损同样会对测量精度产生严重影响。丝杆螺母副的作用是将电机的旋转运动转化为直线运动，实现测量轴的精确位移。在长期使用过程中，丝杆和螺母之间的螺纹会因摩擦而逐渐磨损，导致传动精度下降。其中，螺距误差是丝杆螺母副磨损后常见的问题之一。螺距误差的产生意味着丝杆每旋转一周，螺母的实际位移与理论位移之间存在偏差，这种偏差会随着测量轴的运动不断累积，最终导致测量结果出现较大的尺寸误差。例如，在对大型工件进行尺寸测量时，由于丝杆螺母副的螺距误差，可能会使测量结果与实际尺寸相差数毫米甚至更多，严重影响测量的准确性。

除了部件磨损，测量机的安装基础也是影响精度的重要因素。测量机的安装基础是否牢固，直接关系到其在测量过程中的稳定性。如果测量机安装在振动较大的环境中，如靠近大型机械设备或交通要道的地方，外界的振动会通过地面传递到测量机上，使测量机在测量过程中发生微小的晃动。这种微小的晃动看似微不足道，但在高精度测量中，却可能导致测量头的位置发生偏差，从而引入测量误差。例如，在对精密光学元件进行测量时，测量机的微小晃动可能会使测量头在测量过程中偏离目标位置，导致测量得到的元件表面形状和尺寸与实际情况存在偏差。此外，测量机安装地面的平整度也对精度有着重要影响。如果地面不平，测量机在安装后可能会处于倾斜状态，这会导致各轴之间的垂直度发生变化，进而影响测量精度。例如，在进行空间坐标测量时，由于测量机的倾斜，可能会使测量得到的坐标值与实际坐标值之间存在偏差，无法准确确定被测工件在空间中的位置。为了减少机械因素对测量精度的影响，需要定期对测量机进行维护和保养。对于磨损的部件，应及时进行更换或修复，确保导轨的直线度、丝杆螺母副的传动精度等性能指标符合要求。在安装测量机时，要选择合适的安装地点，确保安装基础牢固、地面平整。可以通过安装减振垫、调整地脚螺栓等方式，提高测量机的稳定性，减少外界振动和地面不平对测量精度的影响。

三、解决方案与技术突破

针对测量误差的来源，工程师们凭借创新思维和不懈探索，研发出一系列解决方案，并取得众多技术突破，以减少误差的影响，全方位提升三坐标测量机的精度。

（一）可变测量力控制技术

在三坐标测量过程中，测量力是一个不容忽视的因素，它所引发的误差对测量精度有着直接影响。传统的测量方式往往难以精准控制测量力，导致测量结果存在偏差。现代三坐标测量机采用的可变测量力控制技术，正是为解决这一问题而生。该技术的核心在于在探头上巧妙地集成力传感器。这一小小的力传感器，犹如测量力的“敏锐触角”，能够实时、精确地监测探头施加在被测物体表面的测量力大小。其工作原理基于先进的力学传感技术，能够将测量力的物理信号准确转换为电信号，进而传输至测量机的控制系统。

控制系统在接收到力传感器传来的信号后，会根据预先设定的算法以及被测物体的材料特性和形状信息，自动、智能地调整测量力的大小。这一过程涉及复杂的数据分析和决策机制。对于不同材料的被测物体，如硬度较高的金属材料和质地较软的塑料材料，所需的合适测量力是不同的。同样，物体的形状也会对测量力产生影响，如表面曲率较大的物体和平面物体在测量时对测量力的要求也有所差异。控制系统会综合考虑这些因素，通过精确的计算，将测量力调整到一个既能保证探头与物体表面良好接触，确保测量信号准确可靠，又能避免因测量力过大而引起物体变形的合适范围内。这种可变测量力控制技术的应用，从根本上改变了传统测量中测量力难以精准控制的局面。通过实时监测和智能调整，显著提高了测量精度，使得三坐标测量机在面对各种复杂材料和形状的被测物体时，都能提供更为准确、可靠的测量结果。

（二）动态误差补偿与运动控制

随着测量速度的提高和测量任务的日益复杂，动态误差问题愈发凸显。为了有效应对这一挑战，现代三坐标测量机引入了一系列先进的运动控制算法和补偿技术。

第一，建立各轴的运动模型是解决动态误差问题的关键一步。这需要运用到多学科的知识，包括力学、运动学、动力学等。通过对测量机各轴运动过程中的各种物理现象进行深入分析和精确建模，能够准确描述各轴在不同运动状态下的运动特性。例如，考虑到电机驱动过程中的扭矩变化、机械传动系统中的摩擦力和惯性力等因素，建立起一个能够真实反映各轴运动状态的数学模型。

第二，基于这个运动模型，测量机可以对测量过程中可能产生的动态误差进行精准预测。这一预测过程借助先进的算法和强大的计算能力，实时分析各轴的运动参数和当前状态，提前预判可能出现的误差情况。一旦预测到动态误差，系统会立即启动实时补偿机制。通过对电机的控制信号进行微调，或者对测量数据进行修正等方式，使测量机在运动过程中自动补偿动态误差，确保测量结果的准确性。

第三，除了先进的算法和补偿技术，优化机械结构设计也是减少动态误差的重要手段。在机械结构设计方面，工程师们致力于减少系统的惯性和振动影响。例如，采用轻质高强度的材料制造机械部件，降低整体质量，从而减小惯性。同时，通过优化机械结构的布局和连接方式，提高结构的刚性和稳定性，减少振动的传递和放大。通过这些措施，有效提升了测量机的动态响应性能，使得测量机在快速运动过程中能够更加稳定、准确地完成测量任务，大大减少了测量中的动态误差。

（三）温湿度自动控制与环境优化

温度和湿度对三坐标测量机的测量精度有着不可忽视的影响，这是由测量机的高精度特性以及材料的物理性质所决定的。为了克服这一影响，许多高端测量设备配备了先进的温湿度自动控制系统。

在测量室内，高精度的温湿度传感器犹如环境的“守护者”，时刻密切监控着环境的温湿度变化。这些传感器具备极高的灵敏度和精度，能够精确测量环境温湿度的微小波动，并将这些实时数据迅速传输至中央控制系统。

中央控制系统接收到温湿度数据后，会与预先设定的适宜温湿度范围进行对比分析。一旦发现环境温湿度超出了这个范围，系统会立即启动相应的调节措施。对于温度调节，通过与空调系统的联动，精确控制制冷或制热的功率，使测量室内的温度迅速恢复到适宜水平。对于湿度调节，则借助除湿设备或加湿设备，根据实际湿度情况进行相应操作，确保湿度保持在合适的范围内。

除了温湿度的自动控制，热隔离设计也是减少外界温度变化对测量精度干扰的重要措施。在测量机的结构设计中，采用高效的隔热材料和合理的隔热结构，将测量机内部的关键部件与外界环境隔离开来。这样，即使外界温度发生较大波动，也能有效减少热量的传递，降低对测量机内部温度的影响，从而保证测量机各部件的性能稳定。

环境补偿技术则是从另一个角度对测量精度进行保障。通过建立环境因素与测量误差之间的数学模型，利用传感器获取的环境数据对测量结果进行实时补偿。例如，根据温度变化对测量机和被测工件尺寸的影响规律，对测量数据进行相应的修正，从而进一步提高测量结果的准确性，确保测量机在不同的环境条件下都能提供高精度的测量服务。

（四）机械磨损管理与优化

机械部件的磨损是三坐标测量机长期运行过程中不可避免的问题，它会逐渐影响测量机的精度和性能。为了减小机械磨损带来的负面影响，研发人员在材料应用和设备维护管理方面采取了一系列创新措施。

在材料应用方面，具有自润滑和耐磨性能的新型材料成为关键。高耐磨合金材料凭借其优异的硬度和抗磨损性能，被广泛应用于导轨等关键部件。这种合金材料在微观结构上具有独特的晶体排列和强化相分布，使其在承受高负荷和频繁摩擦时，能够有效抵抗磨损，延长导轨的使用寿命。同时，陶瓷材料以其高硬度、低密度和良好的化学稳定性，在丝杆螺母副等部件中得到了广泛应用。陶瓷丝杆螺母副不仅能够减少摩擦系数，降低能量损耗，还能显著提高传动精度，有效减少因丝杆螺母副磨损而产生的螺距误差。

除了新型材料的应用，建立完善的设备维护保养制度同样至关重要。这一制度涵盖了设备的日常检查、定期维护和磨损部件的及时更换等多个方面。日常检查工作由专业的技术人员按照严格的检查流程进行，通过各种检测工具和方法，对测量机的各个部件进行细致检查，及时发现潜在的磨损迹象和故障隐患。定期维护则包括对设备的清洁、润滑、校准等工作，确保设备始终处于良好运行状态。一旦发现部件出现磨损，达到或超过规定的磨损极限，会立即按照标准流程进行更换，确保设备的精度和性能不受影响。通过这种全面、系统的设备维护保养制度，能够有效延长测量机的使用寿命，保证设备长期保持高精度运行。

（五）基于人工智能的误差修正技术

近年来，随着人工智能技术的飞速发展，其在三坐标测量机领域的应用取得了令人瞩目的进展，为测量误差的修正提供了全新的思路和方法。

基于人工智能的误差修正技术主要依赖于神经网络模型。这一模型通过对大量测量数据的学习和训练，逐渐掌握测量过程中各种误差的特征和规律。在数据收集阶段，工程师们会精心准备大量涵盖不同测量场景、不同被测物体的数据样本，这些数据样本包含了准确的测量值以及对应的带有误差的测量结果。

将这些数据输入到神经网络模型中进行训练，模型会通过不断调整自身的参数，优化内部的算法结构，以最小化预测误差与实际误差之间的差异。在训练过程中，模型会自动学习到误差与测量参数、环境因素、设备状态等多种因素之间的复杂非线性关系。经过长时间、大规模的训练，神经网络模型具备了强大的误差识别和修正能力。

在实际测量过程中，当测量机获取到测量数据后，神经网络模型会迅速对数据进行分析，自动识别其中可能存在的各种测量误差，并根据训练得到的知识和经验，对测量结果进行实时修正。这种基于人工智能的误差修正技术，不仅大大提高了测量的精度，而且具有很强的适应性和鲁棒性，能够应对各种复杂多变的测量环境和测量任务。

与此同时，纳米测量技术的引入为三坐标测量机精度的提升开辟了全新的方向。纳米测量技术致力于实现对微小尺寸的精确测量，其涉及量子力学、光学、材料科学等多个前沿学科领域的交叉融合。通过利用量子效应、原子力显微镜原理等先进技术手段，纳米测量技术有望将三坐标测量机的测量精度提升到纳米级别。这意味着在未来，三坐标测量机能够对更加微小、更加精密的物体进行高精度测量，满足诸如半导体制造、微纳加工等高端领域对测量精度的极致要求，为这些领域的技术创新和产业发展提供强有力的支持。

第三节　新技术对精度提升的推动作用

一、机器学习与误差修正

机器学习算法凭借其强大的数据分析与模式识别能力，在三坐标测量机的数据处理领域得到了极为广泛的应用，尤其在降噪和误差修正方面展现出卓越的效能。

在数据收集阶段，测量机积累了海量的历史测量数据，这些数据涵盖了各种不同的测量场景、被测物体类型以及测量条件。机器学习模型以此为基础展开学习过程。它运用复杂而精妙的算法，对数据中的特征进行深度挖掘与分析，从而能够精准识别出噪声模式与误差特征。例如，在测量过程中，由于电子元件的热噪声、环境干扰等因素，测量数据中往往会混入随机噪声，机器学习模型通过对大量数据的学习，能够准确分辨出这些噪声的分布规律和特征模式。

深度神经网络（DNN）作为机器学习领域的重要分支，在三坐标测量机误差修正方面发挥着独特的作用。它具备强大的非线性拟合能力，能够对测量数据进行高度复杂的建模。在测量过程中，系统误差的产生机制往往较为复杂，难以用简单的线性模型进行描述，而 DNN 可以通过其多层神经元结构和非线性激活函数，自动学习测量数据中的复杂非线性关系，从而精确补偿测量过程中产生的系统误差。例如，在对具有复杂曲面形状的零件进行测量时，传统测量方法可能会因设备的精度限制、测量角度的影响以及人为操作的偏差等因素，导致测量结果存在较大误差；而DNN能够对这些复杂因素进行综合分析，通过对大量历史测量数据的学习和训练，建立起准确的误差补偿模型，对测量数据进行精准修正，从而显著提高测量结果的准确性。

深度学习的独特优势还体现在其自我学习与适应能力上。在三坐标测量机的实际使用过程中，测量环境和工件特性可能会发生各种变化。例如，不同的生产车间可能存在温度、湿度、振动等环境因素的差异，被测工件的材料、形状、尺寸等特性也千差万别。深度学习模型能够通过不断自我学习，实时调整自身的参数和结构，以适应这些变化。在面对新的测量环境或工件类型时，模型可以自动从新获取的测量数据中学习新的特征和规律，对测量数据进行更准确的处理和修正。这种自适应能力使得三坐标测量机在长期使用过程中，无论遇到何种复杂多变的情况，都能够保持高精度的测量表现，满足不同工件的多样化测量需求。

二、数据融合技术

在三坐标测量机的实际应用场景中，为了获取更全面、准确的测量信息，通常会配备多种不同类型的传感器和探头，如光学传感器、激光测头、触觉探头等。这些传感器各自基于不同的物理原理进行工作，能够提供多源异构的数据。如何将这些数据进行有效融合，成为提高测量精度的核心问题。

光学传感器利用光学原理，通过对物体表面反射或透射的光线进行分析，能够快速获取物体表面的大致形状信息。它具有测量速度快、能够获取大面积数据的优点，但在测量精度和对微小细节的捕捉方面存在一定局限性。例如，在对大型零部件进行初步的外形轮廓测量时，光学传感器可以在短时间内生成物体表面的三维点云数据，为后续的详细测量提供基础框架。

激光测头则利用激光的反射特性来测量物体的距离和形状。它能够提供较高的测量精度，尤其适用于对物体表面的微小特征和轮廓变化进行精确测量。然而，激光测头在测量一些具有特殊材质或表面结构的物体时，可能会受到反射率、散射等因素的影响，导致测量数据存在一定偏差。

触觉探头通过与物体表面进行物理接触，感受物体表面的几何形状和力学特性，能够精确地测量物体的尺寸和表面缺陷。但其测量速度相对较慢，且在测量复杂形状物体时，可能会因探头的形状和尺寸限制而无法获取某些部位的数据。

数据融合技术正是为了充分发挥各种传感器的优势，弥补其各自的局限性而应运而生。它通过综合分析和处理来自各传感器的数据，将不同来源的数据进行有机结合。例如，在实际测量过程中，首先利用光学传感器快速获取物体表面的大致形状信息，构建一个初步的三维模型；然后使用触觉探头对关键部位进行精确测量，获取详细的尺寸和表面缺陷信息，并将这些信息融入之前构建的模型中。通过这种方式，不仅可以在确保高精度的同时，大大提高测量的效率，还能够增强测量的全面性。

在不同的测量任务中，数据融合技术能够根据具体需求，灵活发挥不同传感器的优势。在对具有复杂外形的航空零部件进行测量时，光学传感器可以快速获取整体外形，激光测头用于对关键部位的高精度测量，触觉探头则用于检测表面的微小缺陷。通过数据融合，能够实现最优的测量结果，为产品质量控制和设计优化提供可靠的数据支持。

三、基于模型的测量算法

基于模型的测量算法近年来逐渐成为提升三坐标测量机精度领域的研究焦点。这类算法的核心思想是通过建立被测物体的精确数学模型，将其与实际测量数据相结合，运用优化算法进行求解，从而实现测量精度的显著提升。

在实际应用中，尤其是在测量复杂曲面零件时，计算机辅助设计（CAD）模型发挥着重要的参考作用。CAD 模型是基于计算机技术对物体的几何形状、尺寸、位置等信息进行精确数字化描述的模型。在测量过程中，利用匹配算法将测量数据与 CAD 模型进行比对和优化。具体而言，首先将测量得到的点云数据与 CAD 模型进行初始匹配，通过计算两者之间的相似度和差异，确定测量数据在 CAD 模型中的大致位置和姿态；然后运用优化算法对匹配参数进行不断调整和优化，使得测量数据与 CAD 模型之间的差异最小化。

在这个过程中，表面缺陷等因素可能会导致测量数据与CAD模型之间存在偏差。基于模型的测量算法能够通过对测量数据和CAD模型的深入分析，有效识别并消除这些由表面缺陷带来的误差。例如，在汽车发动机缸体等复杂零部件的测量中，可能存在铸造缺陷、加工痕迹等表面不平整情况。基于模型的算法可以通过与CAD模型的比对，准确判断哪些数据点是由于表面缺陷产生的异常值，并对其进行修正或剔除，从而实现高精度的形状和尺寸测量。此外，基于模型的算法还具备对物体几何特征进行精确拟合的能力。它通过不断优化算法中的参数，使得测量结果与实际情况更加接近。在对一个具有复杂曲线轮廓的零件进行测量时，算法可以根据CAD模型的几何特征，采用合适的曲线拟合方法，如最小二乘法拟合等，对测量数据进行处理。通过调整拟合参数，使得拟合曲线与测量数据之间的误差达到最小，从而得到与实际物体几何形状高度吻合的测量结果。这种基于模型的测量算法不仅极大地提高了测量的精度，还显著提高了测量的自动化程度。在传统测量方法中，往往需要大量的人工干预来对测量数据进行分析、处理和比对；而基于模型的算法可以实现测量过程的自动化控制，从数据采集到结果分析的整个流程都可以由计算机系统自动完成。

四、实时反馈控制与动态优化

实时反馈控制算法作为提高三坐标测量机精度的关键技术之一，在保障测量准确性和稳定性方面发挥着不可或缺的作用。该算法的核心在于实时监测测量过程中的各项关键数据，并依据这些数据及时调整测量机的工作参数，从而实现对测量精度的动态优化。

在测量过程中，三坐标测量机的各项工作参数，如测量速度、测量力、测量路径等，都会对测量结果产生重要影响。测量速度过快可能导致测量系统的动态响应不足，从而产生较大的动态误差；测量力不合适可能会使被测物体发生变形，影响测量的准确性；测量路径不合理则可能导致某些关键部位无法得到准确测量。实时反馈控制算法通过在测量机的各个关键部位安装传感器，实时获取测量过程中的各种数据信息。例如，通过力传感器实时监测测量力的大小，通过速度传感器实时测量测量机各轴的运动速度，通过位置传感器精确获取测量探头的位置信息，等等。

一旦测量系统检测到测量误差超出预先设定的范围，实时反馈控制算法会迅速做出响应。它会根据误差的类型和大小，自动调整测量机的工作参数。如果发现测量力过大导致物体变形产生误差，算法会自动降低测量力；若测量速度过快引起动态误差，算法会适当降低测量速度；当测量路径不合理时，算法会重新规划测量路径，确保测量过程能够覆盖物体的所有关键部位，并且以最优的方式进行测量。

实时反馈控制技术的优势在于其能够有效减少动态误差的影响。在三坐标测量机进行快速运动或执行复杂测量任务时，由于系统的惯性、振动等因素，容易产生动态误差。实时反馈控制算法能够实时感知这些动态变化，并及时调整测量机的参数，使得测量过程始终保持在最佳状态。例如，在对高速旋转的零部件进行测量时，测量机需要快速移动探头以获取不同位置的数据，实时反馈控制算法可以根据测量过程中的动态误差情况，实时调整测量速度和路径，确保在快速测量的同时，能够有效抑制动态误差，保证测量结果的高精度。此外，实时反馈控制技术还大大提高了测量的稳定性和可靠性。通过实时监测和动态调整，测量机能够在不同的测量环境和工况下保持稳定的性能，减少因外界因素干扰而导致的测量误差波动。这使得三坐标测量机在工业生产、航空航天、精密制造等领域的实际应用中，能够为产品质量控制和工艺优化提供更加可靠的数据支持，有力地推动了相关行业的高质量发展。

第七章　三坐标测量机的自动化与智能化发展

第一节　自动化测量系统的构建与发展

一、自动化测量系统的基础架构

自动化测量系统是三坐标测量机发展的一个重要方向，主要依赖于硬件、软件和控制系统的高度集成。在基础架构上，自动化测量系统包括了机械系统、测量系统、自动化控制系统和数据处理系统。

（一）机械系统

自动化测量系统的机械部分在很大程度上延续了传统三坐标测量机的经典结构，主要包含导轨、测量头以及支撑平台等关键组件。这些组件的设计与制造质量直接关乎整个系统的性能表现。

导轨作为测量机各轴运动的基础支撑结构，其精度和稳定性对测量结果有着决定性影响。在自动化测量过程中，导轨需要为测量头提供精确的运动导向，确保测量头能够按照预定的路径进行高精度移动。为了满足这一要求，导轨通常采用高精度的直线导轨或气浮导轨技术。直线导轨具有较高的刚性和运动精度，能够有效减少运动过程中的摩擦和振动；气浮导轨则通过气体静压原理，实现无接触式的运动支撑，进一步提高了导轨的运动精度和稳定性，同时极大地降低了磨损，延长了导轨的使用寿命。

测量头作为直接与被测物体接触并获取测量数据的部件，其设计和性能同样至关重要。它需要具备高精度的测量能力和良好的适应性，以满足不同类型物体的测量需求。在自动化测量系统中，测量头的结构设计更加注重灵活性和可操作性，以便能够在复杂的测量环境中准确地获取数据。

支撑平台作为被测物体的放置基础，需要具备足够的承载能力和稳定性。它不仅要能够承受被测物体的重量，还要在测量过程中保持稳定，避免因平台的振动或变形而影响测量精度。支撑平台的表面平整度也对测量结果有着重要影响，高精度的支撑平台通常采用经过精密加工和处理的材料，以确保其表面的平整度和光洁度符合测量要求。

自动化系统的机械设计必须满足高刚性和高精度的严格要求。高刚性的机械结构能够有效抵抗外部干扰力的影响，如振动、冲击力等，确保在自动化测量过程中，测量机的各部件能够保持相对稳定的位置关系，从而保证测量结果的准确性。高精度的设计则体现在各个机械部件的制造精度、装配精度以及运动精度上，从导轨的加工精度到测量头的定位精度，每一个环节都需要严格把控，以实现整个机械系统的高精度运行。

（二）测量系统

测量系统是自动化测量系统获取数据的核心模块，主要由精密传感器、探头以及测量装置共同构成。这些组件相互配合，能够精确地感知被测物体的各种物理量，并将其转化为电信号或数字信号进行处理和分析。

精密传感器作为测量系统的“感知器官”，能够对被测物体的尺寸、形状、位置等信息进行精确测量。常见的传感器类型丰富多样，其中激光测量头利用激光的反射原理，通过精确测量激光从发射到接收的时间或相位变化，来获取被测物体表面的距离信息，进而实现对物体形状和尺寸的高精度测量。激光测量头具有测量速度快、精度高、非接触式测量等优点，适用于对各种复杂形状物体的快速测量。

触觉探头则通过与被测物体表面直接接触，感受接触力的变化来确定物体的位置和形状信息。这种探头在测量精度方面表现出色，尤其适用于对微小尺寸和高精度要求的测量任务。例如，在精密机械零件的测量中，触觉探头能够准确地捕捉到零件表面的微小特征和尺寸变化，为质量检测提供可靠的数据支持。

光学探头利用光学成像原理，通过对被测物体表面的图像进行分析和处理，获取物体的形状和尺寸信息。光学探头具有非接触式、测量范围大、数据获取速度快等优势，广泛应用于对大型物体或表面形状复杂物体的测量中。

自动化测量系统的核心优势在于其具备根据物体特性自动切换传感器和探头类型的智能能力。在面对不同形态的物体时，系统能够通过对物体的初步识别和分析，自动选择最合适的传感器和探头进行测量。例如，对于表面光滑、形状复杂的物体，系统可能会优先选择激光测量头或光学探头，以快速获取物体的整体形状信息；而对于精度要求极高、表面特征微小的物体，则会自动切换到触觉探头进行精确测量。这种智能切换功能不仅提高了测量效率，还能够确保在各种测量场景下都能获得最准确的测量结果，大大拓展了自动化测量系统的应用范围。

（三）自动化控制系统

自动化控制系统在整个自动化测量系统中扮演着“大脑”的关键角色，它通过高精度的电机、驱动系统以及传感器反馈机制，实现对测量机各轴运动、测量路径规划以及测量力调节的精确控制。

高精度电机是驱动测量机各轴运动的动力源，其性能直接影响测量机的运动精度和速度。在自动化测量系统中，通常采用伺服电机作为驱动电机。伺服电机具有响应速度快、控制精度高、调速范围宽等优点，能够根据控制系统的指令精确地控制电机的转速和转角，从而实现测量机各轴的平稳、精确运动。

驱动系统则负责将电机的动力传递给测量机的各轴，并对电机的运动进行精确控制。它包括控制器、驱动器、减速器等组件。控制器根据预设的运动指令，生成相应的控制信号发送给驱动器；驱动器将控制信号进行放大和转换，驱动电机按照指令运行；减速器则用于降低电机的转速，提高输出扭矩，确保测量机各轴能够获得足够的动力来实现高精度的运动。

传感器反馈机制是实现自动化控制系统精确控制的关键环节。通过在测量机的各轴上安装位置传感器、速度传感器以及力传感器等，实时获取测量机各轴的运动状态信息。位置传感器能够精确测量各轴的位置，并将位置信息反馈给控制系统，以便控制系统实时调整电机的运动，确保测量头能够准确到达预定的测量位置；速度传感器则用于监测各轴的运动速度，从而保证测量机在运动过程中的速度稳定性；力传感器能够实时感知测量头与被测物体之间的接触力，通过反馈信号，控制系统可以精确调节测量力的大小，避免因测量力过大或过小而影响测量精度。

控制系统通常结合实时监控与数据处理技术，对测量机的运行状态和测量过程进行全面监控和管理。实时监控功能能够实时显示测量机各轴的运动状态、测量力大小、传感器工作状态等信息，使操作人员能够及时了解测量机的运行情况。数据处理技术则能够对传感器反馈的数据进行实时分析和处理，根据预设的算法和规则，自动调整测量机的运动参数和测量策略，确保每个测量任务都能精准执行。例如，当控制系统检测到测量力超出预设范围时，会自动调整电机的运动，减小或增大测量力，以保证测量的准确性；在测量路径规划方面，控制系统会根据被测物体的形状和测量要求，结合测量机的运动性能，自动生成最优的测量路径，提高测量效率和精度。

（四）数据处理系统

数据处理系统在自动化测量系统中承担着采集、存储和分析测量数据的重要任务，是整个系统实现智能化和可靠性的关键环节。

在测量过程中，数据处理系统能够实时采集来自测量系统的各种测量数据，这些数据包含了被测物体的尺寸、形状、位置等丰富信息。采集的数据具有高精度、高频率的特点，需要系统具备强大的数据采集能力和高速的数据传输接口，以确保数据的完整性和准确性。

采集到的数据需要进行安全、可靠的存储，以便后续的分析和查询。数据处理系统通常采用大容量的数据库来存储测量数据，数据库具备高效的数据存储和检索功能，能够快速地对海量数据进行管理。同时，为了保证数据的安全性和可靠性，数据库还具备数据备份和恢复机制，防止数据丢失或损坏。

数据分析是数据处理系统的核心功能之一。通过运用先进的算法和模型，数据处理系统能够对采集到的测量数据进行深入分析，提取有价值的信息。

例如，通过对测量数据的统计分析，可以评估被测物体的尺寸精度和形状误差，判断其是否符合设计要求；通过对多组测量数据的对比分析，可以发现生产过程中的潜在问题和变化趋势，为质量控制和生产优化提供有力支持。

自动化测量系统不仅能够实时处理测量数据，还具备根据预设的标准自动生成测量报告和质量分析报告的功能。测量报告详细记录了被测物体的各项测量数据和测量结果，为质量检测和验收提供了直接的依据；质量分析报告则通过对测量数据的综合分析，对产品质量进行评估，指出存在的问题和改进方向。

数据处理的精确度和算法优化对于自动化系统的可靠性至关重要。精确的数据处理能够确保测量结果的准确性和可信度，算法的优化则可以提高数据处理的效率和速度，减少系统的响应时间。在实际应用中，数据处理系统会不断地进行算法优化和升级，以适应不同测量任务和复杂测量环境的需求，从而提高整个自动化测量系统的性能和可靠性。

二、自动化与智能化测量的技术要求

（一）高精度与高效率的技术要求

在现代制造业与科研探索的前沿领域，自动化测量系统面临着提升测量效率与确保测量高精度的双重挑战。这一目标的实现，对测量设备的各项性能提出了极为严苛的要求，涉及运动精度、测量稳定性以及数据处理能力等多个关键维度。

运动精度是衡量测量设备性能的核心指标之一。在自动化测量过程中，测量设备的各运动部件需遵循精确的轨迹运行，任何细微的偏差都可能引发测量结果的显著误差。以精密机械零件的尺寸测量为例，测量头的定位精度需控制在微米甚至亚微米级别。这要求驱动测量头运动的电机具备高精度的运动控制能力，能够精确调节转速与转角，确保测量头在快速运动中也能精准定位。同时，导轨作为测量头运动的支撑部件，需提供平滑、稳定的运动环境，减少运动过程中的振动与偏差，保障测量头始终沿理想路径移动，进而实现高精度测量。

测量稳定性同样是至关重要的因素。测量过程中，设备易受多种外部因素干扰，如环境温度、湿度的波动，机械振动以及电磁干扰等。这些干扰若未得到有效抑制，将直接影响测量结果的可靠性。为确保测量稳定性，系统需采用一系列先进技术与措施。在材料选择上，优先选用热稳定性良好的材料制造测量设备的关键部件，以降低温度变化对设备精度的影响。通过优化机械结构设计，增强设备整体刚性，减少外界振动的传递。此外，采用电磁屏蔽技术，防止电磁干扰对测量信号的干扰，确保测量数据的准确性。

数据处理能力是影响测量效率与精度的重要因素。随着测量技术的不断进步，测量数据的规模与复杂度日益增加。快速的数据处理能力能够及时对海量测量数据进行分析与处理，从而迅速得出准确的测量结果。这要求测量设备配备高性能的数据处理芯片与先进的数据处理算法。高性能芯片提供强大的计算能力，确保数据处理的高效性；先进的数据处理算法则对采集到的数据进行滤波、降噪、特征提取等操作，提高数据质量，进而提升测量精度。

高精度的传感器和探头是确保测量精度的关键部件。不同类型的传感器和探头适用于不同的测量场景与对象。例如，激光位移传感器利用激光反射原理高精度地测量物体表面距离信息，适用于复杂曲面的测量；力觉传感器通过感知与物体表面的接触力获取精确位置信息，常用于微小尺寸和高精度要求的测量任务。为满足高精度测量需求，这些传感器和探头在制造工艺、材料选用以及信号处理等方面均需达到极高标准。同时，机械系统的刚性和稳定性是保证传感器和探头正常工作的基础。刚性不足的机械系统在测量过程中可能发生变形，导致传感器和探头位置偏移，影响测量精度。

（二）智能化算法与数据融合

在数字化与智能化技术飞速发展的时代，自动化测量系统借助智能化算法与数据融合技术，实现了从传统测量向智能测量的跨越，极大地提升了测量的自动化水平与精度。

智能化算法在自动化测量系统中发挥着核心作用。机器学习作为智能化算法的重要分支，通过对大量测量数据的学习与分析，能够自动提取数据中的特征和规律，从而实现对测量结果的准确预测与分类。在对零部件表面缺陷的检测中，机器学习算法可以通过对大量带有缺陷和无缺陷样本的学习，建立起缺陷识别模型，能够准确判断被测零部件表面是否存在缺陷以及缺陷的类型和位置。

深度学习作为机器学习的进阶领域，具有更强的特征学习能力。它通过构建深层次的神经网络模型，能够自动从复杂的测量数据中提取高度抽象的特征。在三维物体形状测量中，深度学习算法可以对多个角度的测量数据进行分析，重建出物体的精确三维模型，实现对物体形状的高精度测量。

数据融合技术则是将来自不同传感器的数据进行整合与分析，以获取更全面、准确的测量信息。在实际测量过程中，单一传感器往往只能获取被测物体某一方面的信息，而不同类型的传感器可以从不同角度对同一物体进行测量。通过数据融合技术，将这些来自不同传感器的数据进行有机结合，能够实现信息互补，从而更全面、精准地分析被测物体的形状、尺寸及缺陷。例如，在汽车零部件的质量检测中，同时使用激光扫描传感器获取物体的三维形状信息和工业相机获取物体的表面纹理信息，再通过数据融合算法对这两种数据进行处理和分析，能够更准确地检测出零部件表面的微小缺陷和尺寸偏差。

智能化算法与数据融合技术的结合，使得自动化测量系统能够自动适应不同的测量任务和环境，实现测量过程的自动化优化。通过对历史测量数据的学习和分析，系统可以自动调整测量参数和策略，提高测量效率和精度。在面对复杂多变的测量场景时，智能化算法能够实时处理和分析大量的测量数据，快速做出决策，实现自动化且高精度的测量，为现代工业生产和科学研究提供强有力的技术支持。

（三）与生产系统的无缝连接

自动化测量系统作为现代制造业智能化发展的关键环节，其卓越之处不仅体现在高精度的测量能力上，更在于能够与生产系统中的其他设备和系统实现无缝连接，进而构建起一个智能化、协同高效的生产生态系统。这种无缝连接的实现，犹如为生产线注入了强大的“智慧引擎”，从根本上提升了生产线的自动化水平，显著增强了质量控制的能力，同时大幅提高了生产效率，为制造业的转型升级提供了坚实的技术支撑。

1. 自动化测量系统与生产设备的协同

在现代化的生产制造环境中，自动化测量系统绝非孤立存在，而是需要与生产线上种类繁多、功能各异的设备紧密协作，以此保障生产过程的连续性与高效性，确保整个生产流程如同精密运转的钟表般顺畅有序。以机械加工生产线为例，这是一个涉及多种加工工艺和设备协同作业的复杂系统，测量机在其中扮演着至关重要的质量监控角色。在这样的生产场景下，测量机通常会与先进的机器手臂进行深度集成。机器手臂作为自动化生产的关键执行机构，具备高度精确的运动控制能力和灵活的操作性能。它依据预设的复杂程序，能够精确地将待测量工件抓取并放置在测量机的指定工作位置上。这一过程并非简单的搬运操作，而是需要机器手臂精确控制运动轨迹、速度和力度，以确保工件放置的位置精度在极小的误差范围内，从而满足测量机高精度测量的要求。

在测量工作完成后，机器手臂再次发挥其精准的操作能力，迅速将测量完毕的工件从测量机工作台上取出，并准确无误地送至下一生产工序。这一送料过程同样需要严格的精度控制，以避免工件在转移过程中受到碰撞或产生位置偏差，影响后续加工质量。通过这种紧密的协作方式，测量机与机器手臂实现了生产线的自动化与无缝对接，不仅减少了人工干预带来的误差和时间损耗，还极大地提高了生产效率和产品质量的稳定性。

从技术实现层面来看，测量机与机器手臂之间通过高速、稳定的工业通信网络进行数据交互。测量机在完成测量后，会迅速将测量数据实时传输给机器手臂控制系统，机器手臂根据这些数据以及预设的逻辑，精确调整自身的动作，确保工件的准确抓取、放置和移送。同时，机器手臂的运行状态信息也会反馈给测量机，以便测量机根据实际情况调整测量参数或进行后续的测量任务安排。这种双向的数据交互和协同控制机制，使得测量机与机器手臂在生产过程中形成了一个有机的整体，共同为实现高效、精确的生产目标而协同工作。

2. 自动送料系统与测量系统的联动

自动送料系统作为自动化生产流程中的重要一环，与测量系统的紧密联动是确保测量工作连续性和高效性的关键所在。这一联动过程涉及多个环节的精确控制和实时数据交互，旨在实现生产过程的顺畅运行和高精度生产。

自动送料系统具备高度智能化的控制能力，它能够实时监测测量机的工作状态。通过先进的传感器技术和数据采集系统，自动送料系统可以获取测量机的空闲、忙碌、故障等各种状态信息。基于这些实时数据，送料系统能够精确判断何时将工件输送至测量位置最为合适，从而避免出现工件等待测量或测量机等待工件的情况，确保测量工作的不间断进行。

在送料过程中，精确控制送料速度和位置是保证测量精度和生产效率的核心要素。送料速度需要根据测量机的测量节拍以及整个生产线的生产节奏进行动态调整。如果送料速度过快，可能会导致工件在输送过程中产生碰撞或位置偏差，影响测量精度；而送料速度过慢，则会造成生产效率低下，延长整个生产周期。因此，自动送料系统通过复杂的算法模型和先进的调速装置，能够根据实际生产情况精确控制送料速度，使其与测量机的工作节奏完美匹配。同时，送料位置的精确控制同样至关重要。自动送料系统借助高精度的定位传感器和先进的运动控制技术，能够将工件准确无误地输送到测量机的指定测量位置。这一过程需要在毫米甚至亚毫米级别的精度范围内进行控制，以确保测量机能够准确获取工件的测量数据。此外，实时数据传输和测量系统的控制在自动送料系统与测量系统的联动中发挥着关键作用。自动送料系统与测量系统之间通过高速、可靠的工业以太网或现场总线进行数据传输。测量系统在完成对工件的测量后，会将测量结果及时反馈给自动送料系统。自动送料系统根据这些测量数据以及预设的生产规则，对后续的送料任务进行调整。例如，如果测量结果显示工件存在质量问题，自动送料系统可以暂停送料，等待操作人员对问题进行处理；或者根据测量数据对工件进行分类，将不同质量等级的工件输送到不同的后续工序进行处理。通过这种精确控制送料速度和位置、结合实时数据传输和测量系统控制的方式，自动送料系统与测量系统实现了深度联动，共同保障了生产过程的顺畅运行和高精度生产，为现代制造业的高效、稳定生产提供了有力支持。

第二节　智能化三坐标测量技术

一、人工智能与机器学习

人工智能（AI）作为当代科技发展的前沿驱动力，正深刻地变革着众多行业与领域。其中，机器学习作为人工智能的核心分支，以其独特的技术优势和创新潜力，在三坐标测量机精度提升方面扮演着举足轻重的角色。机器学习技术的本质在于赋予机器自主学习和从海量数据中挖掘潜在模式的能力，这一特性与三坐标测量机在数据处理、测量策略优化以及精度提升等方面的需求高度契合，为三坐标测量机的智能化发展和性能提升开辟了新的路径。

（一）基于历史数据挖掘的被测物体特征认知

在三坐标测量机长期的实际测量过程中，积累了规模庞大且内容丰富的历史测量数据。这些数据涵盖了广泛的被测物体类型，机械零件作为工业制造的基础单元，其形状、尺寸和精度要求各异，从简单的轴类零件到复杂的齿轮箱组件，每一个都承载着特定的设计和制造信息；电子产品部件则以其高精度、小型化的特点著称，如芯片引脚、印刷电路板等，对测量精度和分辨率有着极高的要求；航空航天零部件更是代表了制造业的顶尖水平，具有复杂的空气动力学外形、严格的公差范围和轻量化设计要求，如涡轮叶片、发动机机匣等。

每种被测物体不仅具有独特的类型属性，还拥有多样的材料特性。金属材料以其高强度、良好的导电性和导热性广泛应用于各个领域，不同金属的硬度、弹性模量等力学性能差异显著，这对测量过程中的物理相互作用和数据采集产生重要影响；塑料材料因其质轻、耐腐蚀和易加工等特点，在电子产品和日常用品中大量使用，但其力学性能相对较弱，容易在测量力作用下发生变形；陶瓷材料则具有高硬度、耐高温和绝缘性好等优点，常用于特殊环境和高精度要求的场合，其脆性和表面特性对测量技术提出了特殊挑战。

此外，被测物体的形状特征极为复杂多样，从简单规则的几何形状，如正方体、圆柱体、球体等，其测量方法相对成熟，但仍需考虑测量的准确性和效率；到高度复杂的自由曲面，如汽车车身的外表面、航空发动机的叶轮叶片等，这些曲面的几何形状难以用传统的数学模型精确描述，需要更先进的测量技术和算法来获取准确的数据。

机器学习算法凭借其强大的数据挖掘能力，能够深入剖析这些历史数据。通过运用深度学习、数据挖掘等技术手段，算法对大量数据进行多层次、多角度的学习和分析。在这个过程中，算法可以自动识别被测物体的类型，通过对物体的几何特征、尺寸分布、测量数据的统计特性等多方面信息的综合分析，实现对物体所属类别的准确判断；能够根据测量数据中的物理信号、材料与测量探头之间的相互作用等信息，结合材料科学的知识体系，推断出被测物体的材料属性；还可以通过对物体表面的点云数据、轮廓信息等进行处理，利用几何分析和模式识别算法，精确解析其形状特征。这种对被测物体全面而准确的认知，为后续测量策略的智能化选择奠定了坚实基础。

（二）基于物体特征的智能化测量策略选择

基于对被测物体类型、材料属性和形状特征的准确认知，机器学习算法进一步发挥其决策优势，为三坐标测量机的测量过程制定最优测量策略。在测量路径选择方面，算法充分考虑多种因素之间的相互关系和权衡。对于具有复杂内部结构的物体，如航空发动机的进气道、机械零件的内部腔体等，传统的测量路径规划方法往往难以满足全面、准确获取数据的需求。机器学习算法则通过对物体内部结构的建模和分析，结合测量精度要求和测量效率目标，运用路径搜索算法和优化技术，规划出多条不同角度和层次的测量路径。这些路径能够覆盖物体内部的各个关键部位，确保获取的数据完整且准确，为后续的质量检测和设计优化提供充分的信息支持。

对于表面形状变化较大的物体，如汽车车身的曲面部分、雕塑艺术品等，算法会基于物体的曲率分析和表面特征提取，动态调整测量点的分布密度。在曲率变化较大的区域，由于这些区域的形状细节丰富，对测量精度影响较大，算法会增加测量点的数量，以更精确地捕捉物体表面的微小变化；而在曲率相对平缓的区域，则适当减少测量点的分布，在保证测量精度的前提下提高测量效率。这种动态调整测量点分布的策略，能够在不同形状的物体表面实现测量精度和测量效率的最佳平衡。

在测量力控制方面，机器学习算法深入理解不同材料属性的被测物体对测量力的响应特性。材料的力学性能，如硬度、弹性模量、屈服强度等，决定了其在测量力作用下的变形行为。对于质地较软的塑料材料，由于其弹性模量较低，在较小的测量力作用下就可能发生明显的变形。机器学习算法会根据材料的特性参数和预先设定的变形阈值，自动降低测量力，以避免因过大的测量力导致物体变形，从而影响测量精度。而对于硬度较高的金属材料，其具有较强的抗变形能力，算法会适当增加测量能力，确保测量探头与物体表面充分接触，减少测量过程中的接触误差，获取准确的测量数据。通过这种基于材料属性的测量力智能控制，能够有效提高不同材料被测物体的测量精度。

在探头类型优化方面，算法依据物体的形状特征和测量精度要求进行精准匹配。对于具有微小特征的物体，如微电子芯片上的引脚、精密机械零件的微小孔等，这些微小特征的尺寸精度和形状精度对产品性能至关重要。为了满足高精度测量需求，算法会选择精度更高的微型探头，这类探头通常具有更小的测量直径和更高的分辨率，能够精确捕捉微小特征的细节信息。对于大面积、形状相对规则的物体，如平板玻璃、大型机械结构件的平面部分等，测量的重点在于快速获取大面积的表面信息。算法可能会选用测量速度更快的大面积扫描探头，通过快速扫描物体表面，提高测量效率，同时保证测量精度满足要求。

二、机器人技术与三坐标测量机的结合

（一）机器人技术与三坐标测量机结合的技术原理与优势基础

在当今科技飞速发展的时代，机器人技术以其日新月异的进步，为众多领域带来了革命性的变革，其中三坐标测量机的应用领域也因机器人技术的融入而焕发出全新的活力与无限的拓展潜力。将机器人技术与三坐标测量机

进行有机融合，并非简单的设备拼接，而是基于两者各自独特优势的深度整合，旨在实现测量过程的高度灵活性与极致精确性，以契合现代制造业对复杂工件高精度测量的严苛需求。具有智能控制能力的机器人，作为先进制造技术的典型代表，具备一系列卓越的特性。其高度的灵活性源于先进的运动学设计与智能算法，能够在复杂的空间环境中自由移动，完成各种复杂的动作。同时，精确的运动控制能力使得机器人在执行任务时，能够将定位精度控制在极小的范围内，确保操作的准确性。当机器人与三坐标测量机相结合时，它可以携带三坐标测量机的关键探测部件——探头，突破传统三坐标测量机受限于固定位置的局限性。这种结合背后蕴含着先进的智能控制技术。机器人能够依据预设的程序，结合安装在自身及测量环境中的各类传感器反馈信息，实现对周围环境和自身状态的实时感知。例如，通过激光雷达传感器，机器人可以精确获取周围空间的三维信息，提前感知障碍物的位置，从而规划出安全、高效的运动路径；利用惯性测量单元（IMU），机器人能够实时监测自身的姿态变化，确保在运动过程中始终保持稳定。基于这些丰富的感知信息，机器人可以自动调整测量位置和姿态，以最佳的角度和位置对工件进行测量，大大提高了测量的灵活性和适应性。

（二）在复杂工件测量中机器人技术与三坐标测量机结合的应用

在现代制造业中，众多大型、复杂工件对测量技术提出了极高的挑战。以汽车车身为例，其结构不仅庞大，而且形状极为复杂，包含众多不规则的曲面和复杂的内部结构。传统三坐标测量机由于其固定的测量位置和有限的测量范围，在面对汽车车身这类复杂工件时，往往显得力不从心。难以全面、准确地获取汽车车身各个部位的数据，容易出现测量盲区，导致测量结果的不完整性和不准确，而搭载三坐标测量机探头的机器人则为解决这一难题提供了理想的方案。凭借其灵活的运动能力，机器人可以围绕汽车车身进行全方位、多角度、多位置的全面扫描。在测量过程中，机器人能够灵活地穿梭于车身的各个角落，无论是高耸的车顶、狭窄的车门内侧，还是复杂的底盘部位，都能轻松抵达。通过精确控制探头的位置和姿态，机器人可以对车身表面的每一个关键部位进行细致测量，获取丰富且精确的数据。这些数据不仅涵盖了车身的整体尺寸信息，还包括各个曲面的曲率、轮廓等详细参数，为汽车制造过程中的质量控制和设计优化提供了坚实的数据基础。

航空发动机零部件同样具有复杂形状和高精度要求，这使得机器人与三坐标测量机的结合在该领域的测量工作中发挥出巨大优势。航空发动机零部件通常具有精细的结构和严格的尺寸公差要求，任何微小的误差都可能对发动机的性能和安全性产生严重影响。机器人凭借其智能规划能力，可以根据零部件的复杂形状，自动生成最优的测量路径。从不同角度对零部件进行全面测量，确保不遗漏任何关键部位，有效避免测量盲区的出现。通过多角度测量，获取的数据更加全面和丰富，能够更准确地反映工件的实际形状和尺寸。利用先进的数据分析算法对这些测量数据进行处理和分析，可以精确评估零部件的制造精度，及时发现潜在的质量问题。这种机器人与三坐标测量机的结合方式，不仅显著提升了测量的全面性和准确性，还通过智能控制和自动化操作，极大地减少了人工干预带来的误差和不确定性，进一步提高了测量精度，为航空发动机零部件的高质量制造提供了强有力的技术保障，推动了航空航天等高端制造业的发展。

三、物联网技术与实时数据交互

（一）物联网技术推动三坐标测量机数据整合与分析

物联网（IoT）技术作为信息时代的关键创新成果，在三坐标测量机的智能化演进与精度提升进程中扮演着至关重要的角色。通过将三坐标测量机无缝接入物联网平台，构建起了测量机与其他设备及系统之间实时、高效的数据交互与共享桥梁，为生产过程的精准控制与深度优化奠定了坚实基础。

在实际的工业生产环境中，三坐标测量机所采集的测量数据并非孤立存在，而是与生产流程中的众多其他数据存在着千丝万缕的紧密联系。物联网技术的应用，使得测量数据能够与加工参数、环境数据等进行深度融合与系统性分析。

加工参数作为影响工件加工精度的核心要素，涵盖了机床的切削速度、进给量、刀具选择等关键信息。切削速度的高低直接决定了工件表面的加工质量与尺寸精度，过快的切削速度可能导致工件表面过热，产生变形或烧伤，进而影响尺寸精度；进给量的大小则会影响加工效率与表面粗糙度，不合适的进给量可能使工件尺寸出现偏差。刀具的选择同样关键，不同的刀具材料、几何形状和刀具寿命，都会对加工精度产生显著影响。

环境数据同样不容忽视，生产车间的温度、湿度、振动等因素，都会对测量结果产生不可小觑的作用。温度的变化会导致工件和测量设备的热膨胀或收缩，从而引起尺寸测量误差；湿度的波动可能影响电子元件的性能，进而干扰测量信号的准确性；而车间内的振动则可能导致测量探头在测量过程中产生抖动，降低测量的稳定性和精度。通过物联网技术将测量数据与这些相关数据进行深度关联分析，生产管理人员能够获取更为全面、深入的生产过程洞察。例如，当三坐标测量机反馈某一工件的尺寸偏差超出预期范围时，结合加工参数数据，管理人员可以运用先进的数据分析算法，精准剖析是切削参数设置不当导致工件尺寸变化，还是刀具磨损、刀具路径偏差等原因造成的。同时，参考环境数据，判断是不是车间温度、湿度的波动影响了测量精度，或是振动干扰了测量过程。基于这些综合分析结果，生产管理人员能够运用科学的决策模型，更加精准地调整加工工艺参数，优化刀具选择与路径规划，确保后续生产的产品尺寸精度始终符合严格的质量标准，有效提升产品质量与生产效率。

（二）物联网平台助力三坐标测量机状态监控与远程维护

物联网平台不仅实现了测量数据与其他生产数据的深度整合，更为生产管理人员提供了实时监控三坐标测量机工作状态和精度的便捷且高效的手段。通过实时获取三坐标测量机的各项运行数据，如测量速度、测量力、探头磨损情况等关键参数，管理人员能够运用先进的状态监测技术，及时洞察潜在的问题。测量力作为反映测量过程稳定性的重要指标，若出现异常波动，可能意味着探头与工件之间的接触存在问题，例如，接触不良或接触力过大，这不仅会影响测量结果的准确性，还可能对探头和工件造成损伤；或者测量力异常波动也可能暗示测量机的机械结构出现故障，如传动部件磨损、导轨变形等，这些问题若不及时发现和处理，将进一步影响测量机的整体性能和精度。

探头磨损情况也是影响测量精度的关键因素之一。探头在长时间的测量过程中，不可避免地会发生磨损。当探头磨损超过一定阈值时，其形状和尺寸会发生变化，从而导致测量结果出现偏差，影响测量精度。此时，管理人员可以依据实时监测数据，及时安排探头更换或维护，确保测量机始终保持高精度的测量性能。此外，物联网技术的应用使得远程监控和维护成为现实。三坐标测量机的状态、工作环境和精度数据能够通过高速稳定的网络实时上传至云端服务器。生产管理人员无论身处何地，只需通过互联网，利用电脑、手机等终端设备，就可以随时随地远程访问云端数据，实时诊断设备运行情况。这种远程监控功能借助先进的数据分析与诊断技术，能够对测量机的运行状态进行实时评估和故障预警。一旦发现潜在问题，系统可以自动发送警报信息给管理人员，提醒其及时采取措施。同时，远程维护功能允许专业技术人员通过网络远程连接到测量机，进行参数调整、故障排除等操作，大大提高了设备维护的及时性和效率。

第三节　自动化与智能化的行业应用前景

一、自动化与智能化在不同领域的应用前景

自动化与智能化技术作为当今科技发展的核心驱动力，其影响力早已超越了传统的应用范畴，不再仅仅局限于三坐标测量机这一特定设备，而是广泛渗透至众多工业领域。在制造业智能化进程加速的大背景下，这些技术凭借其独特的优势，在多个行业中展现出了无可估量的应用潜力，正深刻地改变着各行业的生产模式与发展格局。

（一）汽车行业

汽车制造是一个高度复杂且对精度要求严格的产业。在汽车制造的全流程中，自动化和智能化测量技术发挥着举足轻重的作用。从汽车零部件的生产到整车的组装，每一个环节都离不开精确的测量。

在零部件制造阶段，自动化和智能化测量技术能够实现对各类零部件的快速、高精度测量。以发动机缸体、曲轴等关键零部件为例，其尺寸精度和形状误差直接影响发动机的性能和可靠性。传统的人工测量方式不仅效率低下，而且由于人为因素的影响，难以保证测量结果的一致性和准确性；而借助自动化测量设备，如高精度的三坐标测量机，能够在短时间内对零部件进行全方位的测量，精确获取其各项尺寸参数。同时，智能化测量技术通过内置的先进算法，能够自动对测量数据进行分析和处理，快速判断零部件是否符合设计要求，大大提高了生产效率，减少了因测量误差导致的废品率。

机器人与三坐标测量机的有机结合更是为汽车制造带来了革命性的变化。在大型零部件的测量中，如汽车车身框架，传统人工测量难以全面、准确地获取其复杂的三维数据。而机器人凭借其灵活的运动能力，能够携带三坐标测量机的测量探头，按照预设的路径对大型零部件进行多角度、全方位的测量。这种组合方式不仅避免了人工操作的局限性，还能够提高测量的全面性和精度。通过实时反馈的测量数据，生产人员可以及时调整加工工艺和装配参数，确保汽车零部件的质量和整车的装配精度，提升汽车的整体品质和性能。

（二）航空航天

航空航天行业作为高端制造业的代表，对产品的精度和可靠性要求近乎苛刻。自动化和智能化测量技术的应用，为满足这一行业的严格标准提供了强有力的支持。

在航空发动机的制造过程中，其精密零件的加工精度直接关系到发动机的性能、安全性和可靠性。这些精密零件往往具有复杂的形状和极高的尺寸精度要求，传统测量方法难以满足如此严格的测量需求。智能化测量技术的引入，使得测量过程更加高效、精准。例如，在对航空发动机叶片的测量中，智能化测量系统能够利用先进的光学或力觉传感器技术，快速获取叶片的三维形状数据。同时，借助内置的智能算法，系统能够自动识别叶片的各种特征，如叶型、前缘与后缘、叶根等，并根据这些特征选择最合适的测量策略。这种智能化的测量方式不仅能够确保每个零件都符合严格的质量标准，还能够大大提高测量效率，减少测量时间。通过对测量数据的实时分析和反馈，生产过程中的微小偏差能够被及时发现并纠正，从而有效避免因零件不合格而导致的发动机性能下降甚至安全事故。此外，在航空航天零部件的装配过程中，自动化测量技术能够实时监测装配间隙、位置精度等参数，确保各个零部件之间的装配精度达到最佳状态，进一步提高整个航空航天产品的可靠性和安全性。

（三）电子行业

随着科技的飞速发展，电子行业呈现出产品小型化、复杂化的显著趋势。这一趋势对电子元器件的制造精度和质量控制提出了前所未有的挑战，而自动化和智能化测量技术在应对这些挑战方面发挥了关键作用。

在电子元器件的制造过程中，如芯片、电阻、电容等，其尺寸通常在微米甚至纳米级别，任何微小的尺寸偏差或形状不规则都可能影响元器件的电学性能和可靠性。自动化和智能化测量技术凭借其高精度的测量能力，能够对这些微小元器件进行精确测量。例如，利用扫描电子显微镜（SEM）、原子力显微镜（AFM）等先进的测量设备，结合智能化的图像识别和数据分析算法，可以精确测量元器件的尺寸、形状以及表面粗糙度等参数。通过精密测量，能够确保每个元器件的各项参数都严格符合设计要求，从而提高产品的一致性和可靠性。在大规模生产过程中，自动化测量系统能够实现高速、高效地测量，大大提高生产效率。同时，智能化的质量控制算法能够根据测量数据实时判断元器件是否合格，并对生产过程进行动态调整，及时发现和解决潜在的质量问题，降低生产成本，提高产品的市场竞争力。此外，在电子产品的组装和测试环节，自动化和智能化测量技术还能够对电路板上的元器件位置、焊接质量等进行快速检测，确保电子产品的整体性能和稳定性。

二、持续创新与行业发展的趋势

随着科技的日新月异，自动化和智能化技术正以前所未有的速度发展和演进。在这一浪潮的推动下，三坐标测量机作为测量领域的核心设备，也将迎来前所未有的变革与发展机遇。未来，随着人工智能、物联网和机器人技术等前沿技术的不断进步，三坐标测量机将具备更强大的自主决策和适应能力，能够在日益复杂的生产环境中高效、精准地完成各种测量任务。

（一）智能化算法的进一步发展

智能化算法在推动三坐标测量机迈向更高性能水平的进程中，扮演着核心且关键的驱动角色。随着科技的持续进步，未来的三坐标测量机必将深度融合更为先进、复杂的智能化算法，从而实现自我优化和智能决策能力的重大跨越。

1．基于深度学习的误差修正算法

基于深度学习的误差修正算法，无疑将成为提升三坐标测量机测量精度的关键核心技术。深度学习算法以其卓越的数据学习与分析能力，在众多领域展现出巨大的优势。在三坐标测量机的应用场景中，它能够对海量的测量数据进行深度、全面的挖掘与分析。

在实际应用过程中，该算法首先会对大量的历史测量数据以及已知的误差源进行系统学习。这些历史数据涵盖了不同类型工件在各种测量条件下的测量结果，以及与之对应的误差情况。通过对这些数据的学习，算法能够深入剖析误差产生的规律和特征，进而建立起高度精确的误差模型。

在实时测量阶段，基于深度学习的误差修正算法展现出强大的动态调整能力。它能够实时处理测量系统采集到的数据，同时综合考虑工件的类型、材料特性以及当前的测量环境等多种复杂因素。例如，不同材料的工件在测量过程中可能会因热膨胀、弹性变形等因素产生不同程度的误差；测量环境中的温度、湿度、振动等因素也会对测量结果产生影响。该算法能够根据这些实时变化的因素，动态调整测量参数，如测量速度、测量力等，同时对测量结果进行精准修正，有效补偿因各种因素导致的误差，从而显著提升三坐标测量机的测量精度，使其能够满足对精度要求极高的工业生产需求。

2．测量策略优化

除了误差修正，智能化算法在测量策略优化方面同样发挥着不可或缺的重要作用。未来先进的三坐标测量机将具备强大的智能规划能力，能够依据被测工件的三维模型和具体的测量要求，自动规划出最优的测量路径和测量点分布方案。

在规划测量路径时，智能算法会充分考虑工件的几何形状、尺寸大小以及测量精度要求等因素。例如，对于具有复杂曲面的工件，算法会通过对曲面的曲率分析，合理安排测量点的分布密度，在曲率变化较大的区域增加测量点数量，以确保能够精确捕捉曲面的形状特征；在曲率较为平缓的区域适当减少测量点数量，在保证测量精度的前提下提高测量效率。同时，算法还会优化测量路径，避免测量探头在测量过程中出现不必要的空行程和频繁的方向改变，从而最大限度地减少测量时间，提高整体测量效率。

在测量过程中，智能化算法还具备实时监测和动态调整的能力。它能够实时监控测量力、传感器信号强度等关键参数。测量力的大小直接影响测量结果的准确性，过大的测量力可能会导致工件变形，从而产生测量误差；过小的测量力则可能无法保证测量探头与工件表面的良好接触，影响测量数据的可靠性。传感器信号强度反映了测量数据的质量，当信号强度不足时，可能意味着测量环境存在干扰或测量探头出现故障。智能化算法能够根据这些实时监测到的参数，自动调整测量策略。例如，当测量力超出预设范围时，算法会自动调整测量探头的进给速度或压力，确保测量力始终处于合适的区间；当传感器信号强度异常时，算法会及时发出警报，并尝试采取相应的措施进行调整，如重新校准传感器或改变测量位置，以确保整个测量过程的稳定性和可靠性。

（二）自动化与智能化融合发展

自动化技术与智能化技术的深度交融，正以前所未有的态势引领着三坐标测量机步入一个充满创新与变革的全新发展阶段。这种融合不仅是技术层面的简单叠加，更是一场对测量技术理念和应用模式的深刻革命。随着融合的不断深入，三坐标测量机的应用范围正朝着更为广泛的领域拓展，其在现代工业生产体系中的地位愈发关键，所发挥的作用也日益显著，成为推动工业制造向高端化、精细化发展的重要支撑力量。

1. 大规模生产场景中的质量控制核心

在大规模生产复杂且多元的场景下，产品质量的稳定性和一致性是企业生存与发展的关键。自动化测量系统凭借其无可比拟的高效性与精准性，逐渐跃升为质量控制体系的核心枢纽，为保障产品质量提供了坚实可靠的技术支撑。通过与生产线的深度集成，三坐标测量机实现了对产品全方位、实时、在线的精确测量，构建起一道严密的质量防线。

在产品生产的各个关键工序节点，自动化测量系统犹如一位严谨的质量卫士，能够迅速且精准地对工件展开测量工作。以汽车零部件制造这一典型的大规模生产行业为例，发动机缸体、变速箱齿轮等关键零部件作为汽车动力传输和性能保障的核心部件，其制造精度直接关乎汽车的整体质量和安全性。在这些零部件加工完成后，三坐标测量机便立即投入工作，对其尺寸精度、形状误差、位置精度等一系列关键参数进行细致入微的测量。

三坐标测量机采用先进的测量技术和高精度的传感器，能够将测量精度控制在微米级别，确保获取的数据精确可靠。测量系统获取测量数据后，会通过高速稳定的工业通信网络实时反馈给生产控制系统。生产控制系统集成了先进的数据处理算法和智能分析模型，能够迅速对这些海量的数据进行深度分析处理。通过与预先设定的标准参数进行比对，系统可以快速判断工件是否符合质量要求。

一旦发现测量结果超出预设的公差范围，系统会立即触发警报机制。这一警报不仅会以直观的视觉信号和响亮的听觉信号通知操作人员，还会详细记录异常数据和相关生产信息，以便操作人员迅速定位问题所在。同时，自动化测量系统凭借其强大的智能控制能力，具备指导生产设备进行自动调整或修正的功能。通过与生产设备的无缝连接，它能够基于测量数据精确计算出生产设备需要调整的参数，如刀具的进给量、主轴的转速、夹具的位置等，并将这些调整指令准确无误地发送给生产设备。生产设备根据指令进行相应调整，从而实现生产过程的闭环质量控制。这种实时、高效的质量控制方式，犹如在生产线上安装了一套智能监控与调整系统，能够及时发现并纠正潜在的质量问题。它有效减少了因产品质量问题导致的废品率和返工率，极大地提高了生产效率，降低了生产成本。

2. 增强自适应能力与协同工作

自动化与智能化的深度融合赋予了三坐标测量机更为卓越的自适应能力，

使其能够在当今复杂多变的生产环境中应对自如。在现代制造业中，生产需求日益多样化，不同批次、不同类型的工件可能会同时出现在同一条生产线上，这对测量设备的适应性提出了极为严苛的挑战。具备先进自适应能力的三坐标测量机测量系统，集成了多种前沿技术，如先进的图像识别、高精度传感器技术以及智能算法，从而实现了对不同类型工件的自动识别。在识别过程中，系统会运用多传感器融合技术，对工件的外观特征、尺寸信息、材料特性等多个维度的信息进行全面、综合的分析判断。例如，利用高分辨率的工业相机获取工件的外观图像，通过图像识别算法提取工件的轮廓、纹理等特征信息；借助激光位移传感器测量工件的尺寸数据；采用材料分析传感器获取工件的材料成分和硬度等特性。

识别完成后，测量系统会根据工件的特点和具体测量要求，自动调整一系列测量参数，如测量速度、测量力、测量精度等，同时智能选择最合适的测量模式，如接触式测量或非接触式测量。对于表面光滑、形状复杂的精密零部件，传统的接触式测量可能会因测量探头与工件表面的接触而对其造成损伤，影响工件的性能和质量。此时，系统会基于对工件特性的分析，自动选择非接触式的光学测量模式。光学测量模式利用激光、光栅等光学原理，通过对工件表面反射或透射光线的分析来获取工件的三维信息，不仅能够避免对工件表面的损伤，还能实现对复杂形状的高精度测量。而对于一些需要极高精度测量的关键尺寸，系统会根据测量需求，适当降低测量速度，以减少测量过程中的动态误差；同时，通过精确控制测量力的大小和稳定性，确保测量探头与工件表面的接触状态稳定，从而提高测量结果的准确性。此外，借助物联网技术的强大优势，多台三坐标测量机可以实现联网协同工作，构建起一个智能化的测量网络。通过建立统一的测量数据管理平台，各台测量机之间可以实现实时、高效的数据共享和交互。每台测量机在完成测量任务后，会将测量数据上传至管理平台，同时也可以从平台获取其他测量机上传的测量数据和相关测量经验。当某一台测量机遇到特殊类型的工件或复杂的测量任务时，它可以迅速从管理平台检索并获取其他测量机针对类似情况的测量数据和处理经验。基于这些共享信息，该测量机能够对自身的测量策略进行优化调整，提高测量效率和准确性。同时，通过对多台测量机测量数据的综合分析，生产管理人员可以从宏观层面更全面地了解生产过程中的质量状况。利用大数据分析技术和质量统计方法，对海量测量数据进行分析和挖掘，能够及时发现潜在的质量问题和生产瓶颈。例如，通过对不同测量机测量同一批次工件的数据进行对比分析，可以发现生产过程中的一致性问题；通过对测量数据的趋势分析，可以预测设备的潜在故障和质量波动趋势，为生产过程的优化和改进提供有力的数据支持，推动企业实现智能化、高效化的生产管理目标。

参考文献

[1] 王帼媛，张忠欣. 坐标测量系统精度提升技术研究 [C]. 2019 航空装备服务保障与维修技术论坛暨中国航空工业技术装备工程协会年会论文集，2019：429-432.

[2] 钟静宏，彭东明. 基于小型三坐标测量机的机械研究 [J]. 航空精密制造技术，2003 (1)：9-12.

[3] 修春华，马保东，徐忠印. 新工科背景下测绘工程专业产学融合多方协同育人模式改革与实践 [J]. 教育教学论坛，2019 (49)：111-113.

[4] 范晋伟，谢本田，李晨宝. 数控机床精度优化设计的研究现状 [J]. 工具技术，2021，55 (7)：16-23.

[5] 李健，冉琰，张根保，等. 机械传动系统运动精度优化分配新方法 [J]. 中国机械工程，2022，33 (9)：1034-1043.

[6] 江磊. 数控机床在机测量系统最佳测量区确定方法的研究 [D]. 淮南：安徽理工大学，2020.

[7] 王欣宇，刘豪杰，范百兴. 全站仪目标自动识别与照准方法研究 [J]. 测绘工程，2018，27 (11)：15-22+28.

[8] 徐亚明，郑琪，管啸. Leica AT960 激光跟踪仪测量精度分析 [J]. 测绘地理信息，2020，45 (1)：8-12.

[9] 张欣，李凌梅，孙梅，等. 三坐标测量螺纹量规的可行性论证 [J]. 国外电子测量技术，2017，36 (7)：34-37.

[10] 翟国栋，康宁，朱仰招. 三坐标测量机在机械零部件测量中的应用研究 [J]. 中国科技信息，2014 (17)：187-188.

[11] 段军. 基于逆向工程的机械产品造型设计方法探析 [J]. 科技创新与应用，2020 (10)：94-95.

[12] 赵东平. 逆向工程技术及其在汽车研发中的应用 [J]. 汽车实用技术，2020 (4)：74-75.

[13] 李伟. 基于逆向工程技术的产品设计 [J]. 农机使用与维修，2020 (2)：17-19.

[14] 王星，刘志刚，陈伟平，等. 三坐标测量机在模具制造中逆向工程的应用 [J]. 模具制造，2018，18 (9)：50-56.

[15] 王丹. 三坐标测量机的应用探讨 [J]. 现代工业经济和信息化，2015 (2)：57-59.

[16] 徐磊，陈晓怀，程银宝，等. CMM 机构误差引入的空间点不确定度评定 [J]. 电子测量与仪器学报，2016，30 (12)：1892-1898.